선을 넘는 과학자들

내 두 발은 지상에,
두 눈은 별에 닿게 한
리암에게
사랑과 감사를 드리며

일러두기

이 책의 등장인물 가운데 몇몇은 '과학자의 책꽂이'를 통해 자신에게 영감을 준
과학책을 소개했다. 국내에 번역된 책에는 한국어판 제목과 출판사명, 출간연도를 적었다.

인류 최초 블랙홀 촬영을 위한 글로벌 프로젝트

애나 크롤리 레딩 지음

권가비 옮김

다른

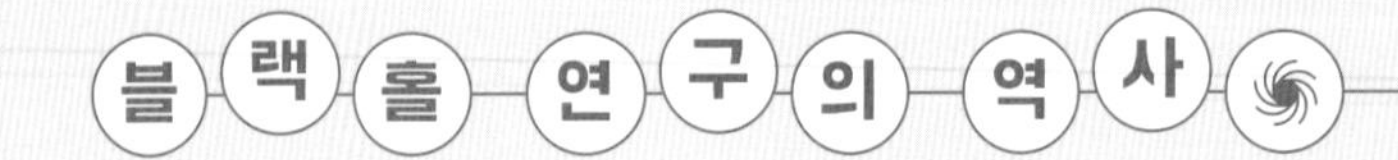

사과가 나무에서 떨어지는 이유는
질량이 큰 지구가 질량이
작은 사과를 끌어당기기 때문이야.

아이작 뉴턴

1665년 만유인력의 법칙 제시

강력한 중력으로
빛조차 탈출하지 못하는
거대한 '검은 별'이 우주 곳곳에 있지 않을까?

존 미첼

1784년 블랙홀의 존재를
최초로 예견

질량이 큰 물체 근처에서
시공간과 빛은 휘어져.
중력이 클수록 더 크게 휘어지지.

알베르트 아인슈타인

1915년 일반 상대성 이론 제시

내가 드디어 아인슈타인의 중력장방정식을 풀었어! 별이 중력에 의해 계속 수축하면 중력도 점점 강해지고 빛도 탈출할 수 없는 지점에 이르지. 특정 반지름보다 더 작게 수축되면 시공간이 완전히 휘어서 그 무엇도 검은 별을 빠져나올 수 없어!

카를 슈바르츠실트

1916년 천체의 시공간이 닫히는 특정 반지름을 계산

별은 연료를 모두 소모하면 하얗게 빛나는 '백색왜성'이 돼. 그런데 별의 중심이 태양 질량의 1.4배가 넘으면 중력이 너무 커서 백색왜성이 되지 않고 계속 수축하는 중력붕괴가 일어나. 그 질량과 밀도는 무한대야.

수브라마니안 찬드라세카르

1931년 별의 죽음 연구에서 블랙홀 탄생의 실마리 제공

죽어가는 별의 중심부가 태양 질량의

1.4~3배 사이면 중성자별이 되지만 그보다

무거운 별이라면 초신성 폭발과 함께

끝없이 수축해 결국 무한히 작은 크기와

무한한 밀도를 갖는 '특이점'으로 붕괴해.

로버트 오펜하이머

1939년 무거운 별의 죽음에서
블랙홀 탄생을 확신

우리 이제부터 검은 별을

'블랙홀(black hole)'이라고 부르자.

존 휠러

1967년 '블랙홀'이라는 명칭 처음 사용
1968년 '블랙홀' 명칭 공식화

특이점에서는

어떠한 물리 법칙도 성립하지 않아.

그것이 바로 블랙홀의 핵이야.

로저 펜로즈

1965년 일반 상대성 이론을
토대로 블랙홀 존재를 규명

블랙홀이 모든 빛을 빨아들이는 건 아니야.
사건 지평선 근처에서 입자와 반입자가
생성되는데 그중 원자보다 작은 입자는
블랙홀을 탈출할 수 있어.

스티븐 호킹

1974년 '호킹 복사' 이론 발표

우리은하에도 블랙홀이 있었어.
뭔지 알아? 궁수자리 A*!

앤드리아 게즈&라인하르트 겐첼

1990년대 우리은하에서 블랙홀 발견

블랙홀에 대한 이론적 증명은 충분해.
난 블랙홀을 직접 보고 싶어.
블랙홀은 정말 검은색일까? 나와 함께
망원경으로 블랙홀을 찍어 볼 사람
여기여기 붙어라~!

셰퍼드 돌먼

2019년 EHT팀을 이끌고
인류 최초 블랙홀 촬영

✴ 차례 ✴

✦ 들어가는 글 ✦

무섭지만 끌리는 블랙홀에 대해

블랙홀이 다가오고 있다. 도시에 대혼란이 일어난다. 사람들은 숨을 곳을 찾아 이리저리 흩어진다. 저기, 맑고 푸른 하늘 한가운데 떠서 빙글빙글 돌고 있는 검은 공 때문이다. 검은 공 주위로 이글이글 불타는 오렌지색 원반이 돌고 있다. 그 안에는 별 찌꺼기와 우주의 부스러기가 가득하다.

더 나쁜 일이 있다. 도시가 블랙홀의 거센 중력을 이기지 못한다는 사실이다. 가로등이 뽑혀 검은 허공 속으로 빨려 들어간다. 하늘을 찌를 듯 높이 솟은 건물은 벽에 금이 가서 무너져 내린다. 블랙홀은 건물을 부순 뒤 마치 초강력 진공청소기처럼 벽돌을 하나하나 흡입한다. 종말이 확실하다. 지구를 구할 슈퍼히어로가 나설 때다. 몸을 날려 다시는 되돌아 나올 수 없는 저 불길한 지점 너머로 들어가야 할지도 모른다. 과연 세상에서 가장 강력하다는 블랙홀의 힘을 이겨 낼 수 있을까?

슈퍼히어로가 우주선 엔터프라이즈호 승무원들에게 조언을 구할 수 없다니 무척 안타깝다. 블랙홀이 눈앞에 나타나면 어떻게 해야 하는지 잘 아는 사람들인데 말이다. 엔터프라이즈호는 2009년 영화 〈스타 트렉: 더 비기닝〉에서 블랙홀 가까이 갔다가 호된 경험을 한다. 초광속 스피드로 이동해도 블랙홀을 탈출할 수 없다. 우주선 꼭대기가 갈라지기 시작한다. 블랙홀은 번개처럼 순식간에 나타나는데 그 크기는 헉 소리가 나게 크고 반쯤은 보이지도 않는다. 그 유명한 우주선도 초자연적인 힘을 가진 블랙홀의 자석 같은 힘 앞에서는 속수무책이다. 무슨 수를 내지 않으면 엔터프라이즈호와 승무원들은 곧 검은 심연 속으로 영원히 사라져 버리고 말 것이다.

이 영화는 기발한 이야기와 실제 과학이 잘 버무려져 굉장한 모험물이 되었다. 인정하자. 블랙홀만큼 파괴력이 강하다고 믿을 만한 우주 천체가 또 있겠는가! 블랙홀은 강력하다. 치명적이다. 그러나 눈에는 보이지 않는다. 블랙홀만큼 우리 상상력을 자극하는 건 또 없을 것이다. 없고 말고.

블랙홀은 드라마에 긴장감을 불어넣고 불안을 고조시킬 때 자주 등장하는 소재다. 우주의 숨은 비밀과 우리 마음속 비밀을 넌지시 암시할 때 이만큼 알맞은 소재가 없다.

어찌 되었건, 블랙홀은 가까이 오는 것을 닥치는 대로 집어삼킨다. 우리가 아는 건 그 정도다. 이러한 기초 상식을 넘어서면 블랙홀에 대해 밝혀진 사실이 별로 없다. 그러니 블랙홀은 인간 지식의 한계를 상징한다고 볼 수 있다!

그렇다. 블랙홀과 관련된 질문이 셀 수 없을 만큼 남아 있다. '블랙홀은 또 다른 우주로 통하는 관문일까? 은하계 사이를 잇는 고속도로로 들어가는 비밀의 문일까? 은하마다 쫓아다니면서 별과 행성을 집어삼킬까? 불타는 입으로 단숨에 태양계 전체를 먹어 치울까? 사람이 블랙홀에 빨려 들어가면 어떤 일이 벌어질까? 길게 늘어나 인간 스파게티가 될까? 블랙홀은 종이 찢듯 별들을 찢어 버릴까?' 무섭지만 끌린다. 그러니 근사할 수밖에!

과학자의 책꽂이

미셸 쿠에바스,

《블랙홀 돌보기 The care and Feeding of a Pet Black Hole**》**

블랙홀에 대해서 아는 점이 너무 적다 보니 약간의 내용만 보태주면 새로운 이야기를 끝없이 만들 수 있다. 이 책은 블랙홀이 세상을 살아갈 용기를 주는 완벽한 친구가 되는 이야기다. 어느 날 주인공 스텔라 로드리게스가 나사에 갔다 집에 돌아온다. 그런데 블랙홀이 집까지 쫓아온다. 로드리게스는 그 뒤로 많은 걸 알게 된다. 블랙홀의 구조를 설명할 수 있게 되었고 블랙홀이 눈에 보이는 걸 모두 먹어 치우는 모습도 목격한다. 하지만 블랙홀이 집어삼키지 못하는 것이 단 하나 있다. 바로 아픈 마음이다. 이 책은 밀도 높은 공상과학 모험물이라기보다는 블랙홀에게 보내는 사랑의 편지에 가깝다. 또한 사랑하는 사람을 떠나보낸 슬픔에 관한 책이다.

우리는 블랙홀이 어떻게 생겼는지 안다고 생각한다. 그건 우리의 상상력이 '너무나' 좋아서다. 예술가들이 펜과 물감은 물론 세련된 컴퓨터 그래픽에 이르기까지 온갖 도구를 이용해서 입이 떡 벌어지는 이미지를 만들어 내니 더욱더 그렇게 생각하기 쉽다. 상상밖에 못하던 장면이 마술처럼 연출된다. 최신 과학을 근거로 추측한 정교한 이미지다.

하지만 아무리 기발하고 멋들어지고 눈부시다 한들 추측은 여전히 추측일 뿐이다. 지독할 정도로 아무것도 없는 공간 주위를 환한 별 찌꺼기가 끈처럼 두르고 있는 모습은 어둠의 힘을 생생하게 보여 준다. 그래, 너무 사실적이고 또 정말 멋지다. TV나 영화 속 장면으로, 잡지나 도서 삽화로 사용되는 것도 당연하다.

그런데 사실 블랙홀을 실제로 본 사람은 아무도 없다, 단 한 명도. 그 누구도, 어떤 망원경도, 어떤 우주 탐사 장치도 블랙홀을 본 적이 없다. 단 한 번도.

셰퍼드 돌먼Sheperd Doeleman이라는 과학자가 이를 바꿔 볼 결심을 했다.

불가능한, 뼈아픈 실패가 예정된 목표였다.

목표를 이룰 수 있는 기술도 없었다. 직접 개발해 내야만 했다.

혼자서 할 수 있는 일도 아니었다. 도와줄 과학자가 아주 많아야 했다.

하지만 세상이 혼란스러웠다. 만화에 나오는 슈퍼히어로가 불가능해 보이는 일을 해내려 애쓸 때 흔히 그렇듯 말이다. 전쟁이 일어나고 나라 사이의 국경이 닫혔다. 사람들은 마음 모아 문제를 해결하려 노력하는 대신에 의심과 불신에 찬 눈으로 서로를 쳐다봤다.

돌먼이 바라는 장대한 목표를 이루려면 빠른 사고와 기술의 혁신, 끈기, 팀워크, 모두의 헌신 등이 하나도 빠짐없이 필요했다. 목표는 인간 지식의 한계를 넓히는 것이었다. 그는 이제껏 그 누구도 본 적 없고, 그래서 아무도 알지 못하던 것을 세상에 보여 주려고 했다. 바로 블랙홀을 촬영한 사진이었다.

01

블랙홀이 대체 뭔데?

"증거는 확고했다. 천체물리학자들은
눈에 보이지 않는 거대한 중력 주위를 맴도는
빛과 물질의 움직임을 볼 수 있었다.
하지만 아무리 그렇다고 해도 실제로 블랙홀을
본 사람은 전혀, 절대, 결단코 없었다."

무한대로 작고 무한대로 무거운

유달리 큰 별이 죽고 나면 블랙홀이 생긴다. 별의 죽음은 아주 드라마틱한 사건이다. 특히 거대질량 별, 다시 말해 별 중에서 가장 크고 무거운 별이 죽을 때는 더욱 그렇다. 거대질량 별은 죽을 때가 되면 찬란한 빛을 내며 사라진다.

크고, 환하고, 엄청나게 무거운 별이라 해도 공식적으로 '거대질량'이라고 인정받으려면 적어도 태양보다 여덟 배는 커야 한다. 이런 별들은 평생에 걸쳐 성장한다. 중심에서는 핵융합이 끊임없이 일어나고 별은 커지고 또 커진다. 중력은 별의 몸집을 중심부로 잡아당긴다. 반대로 중심부에서 바깥으로 밀어내는 힘도 있다. 핵연료에서 나오는 열과 압력이다. 서로 다른 두 힘이 별을 두고 싸운다. 한 힘은 밖으로, 다른 힘은 안으로.

이 싸움은 별 중심부에 있는 연료가 다 타버릴 때까지 계속된다. 연료가 사라지면 수백만 년 지속되었던 성장이 끝나고 별은 안으로 무너진다. 별 바깥 가장자리가 1초도 안 되어 중심 쪽으로 무너지는 광경을 상상해 보자. 그 충격으로 어마어마한 폭발이 일어난다. 충격파가 온 우주로 쏟아진다. 이 폭발이 너무도 강력하고 규모가 커서 따로 이름도 붙었다. 이 현상을 '초신성supernova'이라고 한다.

초신성이 일어난 후에 남은 부스러기들은 다시 한번 붕괴되어 계속해서 점점 줄어들고 마침내 작은 점이 된다. 이 점이 얼마나 작

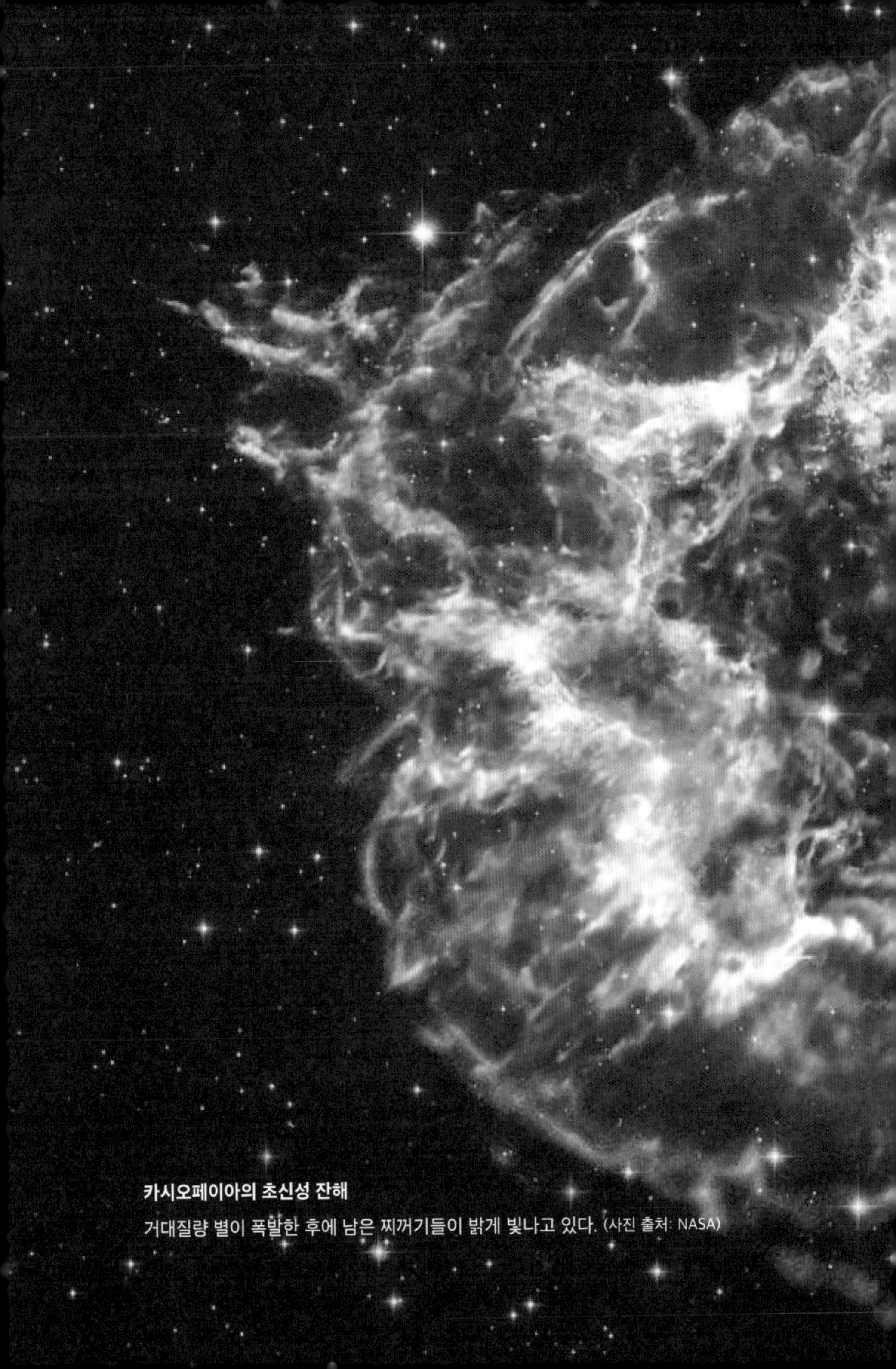

카시오페이아의 초신성 잔해

거대질량 별이 폭발한 후에 남은 찌꺼기들이 밝게 빛나고 있다. (사진 출처: NASA)

냐 하면, 글쎄 원자 한 개 크기보다 더 작다고 한다! 이 점은 (작아지는 현상이 끝나지 않으니까) 무한대로 작고 질량도 무한대다. 그래서 꽤나 무겁다. 그러니 무겁고 큰 다른 물체처럼 강한 중력을 갖는다. 질량이 크면 클수록 중력도 그만큼 크다. 질량이 무한대라면? 중력의 급이 달라진다!

이게 무슨 말인지 짐작이라도 하고 싶다면, 무게가 600만 톤 나가는 이십트 피라미드를 상상해 보자. 그 피라미드를 주무르고 으깨서 크기를 줄이고 줄여 손바닥 위에 올라갈 정도로 작게 줄였다. 물론 무게는 여전히 600만 톤이다! 그런데 이 손바닥만 한 슈퍼 헤비급 피라미드가 가까이 있는 물체를 닥치는 대로 집어삼킨다면? 게다가 무게가 계속 늘어나서 점점 더 무거워진다면?

거대질량 별이 붕괴할 때 일어나는 현상이 바로 이와 같다. 완전히 짓이겨진 별 찌꺼기는 마침내 하나의 점으로 줄어드는데, 이 점을 '특이점singularity'이라고 부른다.

그리고 과학자들은 블랙홀 안에 이 특이점이 있다고 믿는다.

특이점은 작디작은 점 하나에 불과하지만 어마어마한 질량 때문에 상상을 초월하는 힘으로 사물을 잡아끈다. 너무 강력한 힘이라서 근처에 있는 어떤 것도, 심지어는 빛조차도 벗어날 수가 없다. 블랙홀은 공간 자체를 구부릴 수도 있다.

우주정복노트

중력 붕괴

별 내부의 가스가 과열되면 압력이 생긴다. 이 압력은 팽창하면서 빠져나가려 한다. 그런데 중력! 중력이 이를 그냥 두고 보지 않는다. 중력이 별을 붙잡아 놓는다. 중력 붕괴는 물체가 수축하거나 내부로 무너져 내리는 현상인데, 그 물체가 가진 중력이 다른 힘보다 강해지면 발생한다. 죽어가는 별의 경우, 별 내부를 뜨겁게 태우던 연료가 다 떨어지면 팽창하는 힘보다 수축하는 힘이 더 커져서 중력 붕괴가 일어난다.

거대질량 별의 또 다른 사후 세계

초신성 폭발 이후 거대질량 별의 찌꺼기들은 다시 모여 중성자 별(초밀도의 작은 별, 분주하게 움직이는 중성자로 가득하다)이 된다. 부스러기 조각과 먼지구름 형태가 되어 외계로 흘러가 버리기도 한다.

블랙홀의 크기

별마다 크기가 다르듯 블랙홀의 크기도 다양하다. '별질량' 블랙홀은 작은 편이다. '중간질량' 블랙홀은 중간이다. '초거대질량' 블랙홀이 제일 크다. 적어도 태양의 100만 배에 이른다. 이런 엄청난 괴물들이 어떻게 생겨나는지 아직 잘 모른다. 일부 과학자들은 블랙홀 여러 개가 융합하면서 형성된다고 생각한다('융합한다'라고 말하면 성숙하고 우호적인 현상으로 들리지만 엄청나게 과격한 공포의 드라마일 가능성이 많다).

시공간을 휘어 버리는 존재

우주를 두고, 별들이 여기저기 예쁘게 흩어져 있는 끝도 없이 검은 공간이라고 생각할 수 있다. 하지만 슈퍼 천재 물리학자 알베르트 아인슈타인Albert Einstein의 설명에 따르면 우주는 직물과 비슷하다. 그는 이 직물을 시공간이라고 불렀다. 날실과 씨실이 짜여 한 장의 직물이 되는 것처럼 시간과 공간이 연결되어 있다는 뜻이다. 이렇게 생각해 보자. 지금 이 순간 여러분은 이 책을 읽고 있다. 어느 특정한 시간에, 어느 특정 장소에서 말이다. 이 두 가지는 연결되어 있다. 아인슈타인은 우주에서 물체가 움직이는 방식을 시공간이 통제한다는 사실도 알아냈다. 시공간에 휘어진 곳이 있다면, 그곳 때문에 물체의 움직임이 달라진다는 뜻이다. 그렇다면 시공간을 변화시키는 것은 뭘까? 바로 질량을 가진 물체다. 여러분이나 나, 지구, 다른 행성 같은 물체, 특히나 블랙홀 같은 물체 말이다.

무슨 말인지 이해하기 어렵다고? 이해를 돕기 위해 아인슈타인이 아주 선명한 예를 들어 주었다. 시공간이라는 직물이 트램펄린 매트라고 상상해 보자. 시커먼 고무 매트 위로 볼링공을 굴리면 무슨 일이 일어날까? 공 무게 때문에 트램펄린 매트가 아래로 처질 것이다. 그다음 축 늘어진 매트 위로 골프공 몇 개를 굴리면 골프공이 똑바로 지나갈 수 있을까? 바닥이 볼링공 무게 때문에 축 처졌으니 골프공은 나선을 그리며 볼링공 쪽으로 움직일 것이다. 블랙홀 주변 물체

블랙홀 추적자 1

알베르트 아인슈타인

출생: 1879년 3월 14일, 독일 울름

사망: 1955년 4월 18일, 미국 뉴저지

아인슈타인은 20세기 가장 중요한 과학자 가운데 한 명으로, 1921년 노벨상을 수상했다. 질량과 에너지의 관계를 설명하는 $E=mc^2$이라는 공식으로 유명하다. 아인슈타인의 일반 상대성 이론(및 기타 다른 이론)은 여전히 사용되고 있고, 오늘날에도 검증받고 있다.

들도 그런 식으로 움직인다. 블랙홀이 시공간을 휘어 버리기 때문에 근처 천체들의 경로와 궤도가 바뀐다.

모든 것을 빨아들이다

1900년대 초반에는 누구나 아이작 뉴턴Isaac Newton의 생각, 즉 중력이라는 불가사의한 힘 때문에 행성의 위치가 정해진다는 주장을 받아들였다. 그러나 물체가 시공간을 통과하며 움직이는 과정을 생각해 보던 아인슈타인은 뉴턴의 생각에 한계가 있다고 느꼈다.

아인슈타인은 기존 주장에 대한 '생각 실험'을 실행했다. 상상력을 발휘해서 여러 가지 문제나 상황을 곰곰이 생각해 본 것이다. 어떤 주제를 정하고 머릿속에서 공상하듯 실험하는 것을 생각 실험이라 부른다. 일종의 가상실험이다. 아인슈타인은 생각 실험을 통해 자기 생각을 검증할 수 있었다.

아인슈타인은 스위스 특허국 사무원으로 일할 때에도 틈만 나면 우주의 신비를 푸는 데 열중했다. 하루는 유리창 청소부가 창문 닦는 모습을 보고 '저 사람이 사다리에서 떨어지면 어떤 일을 겪게 될까' 하는 생각이 머릿속에 떠올랐다. 아인슈타인의 입장에서 보면 청소부는 곧장 땅바닥으로 빠르게 추락할 것이다. 그렇지만 떨어지는 당사자인 유리창 청소부는 어떤 경험을 할까? 시간이 천천히 흐

우주정복노트

일식-태양 뒤에 숨은 별

1919년, 일식이 벌어지는 동안 달이 태양 빛을 거의 모두 가려 버려서 대낮이 한밤처럼 변했다. 이렇게 암흑이 생긴 덕분에 태양 바로 옆에서 빛나는 별 한 개가 천문학자들 눈에 띄었다. 사실 천문학자들은 이 별의 존재를 이미 알고 있었는데, 이 별의 실제 위치는 태양의 '뒤쪽'이어서 절대로 보이지 않아야 마땅했다. 대체 어찌 된 영문일까? 아인슈타인의 상대성 이론을 적용하면, 다시 말해 시공간이 곡선이고 빛이 이 곡선을 따라 움직인다는 걸 알면 이해할 수 있다. 별이 자리를 움직여서 보였던 게 아니다. 태양 때문에 휘어 버린 시공간을 따라 별빛이 지구에 도달했던 것이다!

르는 느낌이 들지 않을까? 물론이다! 게다가 바닥이 그 사람 몸을 떠받치고 있지 않으니 무중력을 경험할 것이다. 아인슈타인의 이런 생각은 훗날 특수 상대성 이론으로 이어졌다. 중력과 우리 우주를 이해하려는 그의 여정은 여기에서 그치지 않았다.

얼마 지나지 않아 아인슈타인은 시공간 자체가 휘어져 있다는 점, 즉 굴곡을 이룬다는 사실을 알아차렸다. 그게 사실이라면, 물체는 곡선으로 된 경로를 따라 이동해야 한다. 그는 빛이 그저 파동이 아니라 광자photon라는 작은 입자들로 구성되었다는 사실도 알아냈다. 그렇다면 한 줄기 빛, 다시 말해 광자들의 물결 역시 굴곡진 경로를 따라 휘면서 움직인다는 뜻이다.

그러니 지구 중력이 달에 영향을 미친다는 점에서는 뉴턴이 옳았다. 그러나 어떤 영향을 미치는지는 아인슈타인이 알아냈다. 아인슈타인은 지구 질량이 시공간을 휘어 버려서 달이 지구 주위를 돌게 되었다고 했다. 그리고 한 세트의 장방정식, 즉 시공간이라는 물리적 영역을 설명하는 수학 문제로 자신의 이론을 정리했다.

$$R_{\mu\nu} - \frac{1}{2}R\,g_{\mu\nu} + \Lambda\,g_{\mu\nu} = \frac{8\pi G}{c^4}T_{\mu\nu}$$

물질/에너지가 시공간을 어떻게 휠지 알려 준다.

물질/에너지가 휜 시공간을 어떻게 지나갈지 알려 준다.

우주정복노트

아인슈타인을 검증해 보자!

수성의 궤도는 흔들흔들 불안정하다. 아인슈타인의 이론과 장방정식이 나오기 전에는 과학자들이 뉴턴의 보편 중력만유인력밖에 몰랐다. 그러나 그것만으로는 태양 주위를 도는 수성의 경로를 예측할 수가 없었다(항상 변하는 것처럼 보이기 때문이다). 아인슈타인의 이론이 해답을 줄 수 있을까? 그렇다! 아인슈타인의 이론은 수성이 도는 경로를 정확히 예측했다.

훗날 미국의 물리학자 존 휠러John Wheeler는 아인슈타인의 장방정식을 두고 다음과 같이 요약했다. “시공간은 물질이 어떻게 움직일지 알려 준다. 물질은 시공간이 어떻게 휘어지는지 알려 준다.”

그러나 방정식을 만들었다고 해서 문제를 해결했다는 뜻은 아니다! 다른 과학자들이 아인슈타인의 뒤를 이었다.

1916년 물리학자 카를 슈바르츠실트Karl Schwarzschild가 아인슈타인의 일반 상대성 이론을 검토했다. 그는 우주에 대해 생각하며 수식을 보다가 놀라운 점을 깨달았다. 우주에 어떤 물체도 탈출하지 못하는 영역이 존재한다는 사실이다. 일반 상대성 이론이 이 사실을 나타내고 있었다. 슈바르츠실트는 이 영역이 시공간이라는 직물에 뚫린 구멍이라고 설명했다. 그리고 어떤 물체든 이 구멍에 너무 가까이 가거나 어느 지점을 넘어서면 절대로 그 구멍에서 벗어날 수 없다고 했다. 또한 블랙홀 안에서는 우리가 알고 있는 물리 원칙이 모두 사라져 버린다는 것도 알아냈다.

가까이 오는 건 모조리 빨아들인다는 미심쩍기 짝이 없는 우주 공간에 대해 처음 이야기했을 때 사람들은 "우와~" 대신에 "에이~"로 반응했다. 왜냐하면 솔직히 그 누구도 몰랐기 때문이다. 대체 무엇 때문에 우주 공간이 그런 짓을 한단 말인가?

그런데 1935년, 수브라마니안 찬드라세카르Subrahmanyan Chandrasekhar라는 이름의 천체물리학자가 그 답을 찾았다. 찬드라세카르는 별의 죽음을 조사하다가 중력 붕괴 때문에 시공간이 안으로 무너진다는 사실을 알게 되었다. 짜잔! 모든 개념이 혼란스러운 수학 문제에서 천문학 이론으로 이동했다. 그렇지만 과학자들은 여전히 이런 특이점이 지극히 드물다고 믿었다.

그때 이론물리학자 스티븐 호킹Stephen Hawking이 나타났다! 호킹은 로저 펜로즈Roger Penrose와 함께 중력 붕괴가 거대질량 별의 일생에서 일어나는 한 과정임을 알아냈다.

그로부터 몇 년 후, 휠러가 어느 학술대회에서 별-소멸-암흑-구멍-탄생star-death-black-hole-birth이라는 개념을 설명하다가 무심코 뱉은 단어, 그러니까 '블랙홀blackhole'이, 이 해괴한 우주 공간의 이름이 되었다.

블랙홀 추적자 2

수브라마니안 찬드라세카르

출생: 1910년 파키스탄 라호르

사망: 1995년 8월 21일 미국 시카고

찬드라세카르는 인도계 미국인 천체물리학자로서 1983년 블랙홀과 거대질량 별에 대한 연구로 노벨 물리학상을 수상했다.

블랙홀을 증명할 수 있을까

하지만 아직까지 증명된 것은 아니었다.

증거가 없어서는 아니다. 증거는 확고했다. 천체물리학자들은 눈에 보이지 않는 거대한 중력 주위를 맴도는 빛과 물질의 움직임을 볼 수 있었다. 별들이 블랙홀 근처에서 움직이는 모습도 관찰할 수 있었다. 또 블랙홀에서 입자들과 방사선이 뿜어져 나오는 것도 이미 봤다. 트림이 나오는 것같이 하찮은 현상이 아니었다. 블랙홀의 중심에서 발사되는 가스인 '제트'는 5,000광년이나 멀리 닿기도 하니까! 그러니 블랙홀에 대한 과학적 증거는 2019년에도 있었다. 하지만 아무리 그렇다 해도 실제로 블랙홀을 본 사람은 전혀, 절대, 결단코 없었다.

우주정복노트

광년

빛은 지구 시간 1년이면 얼마나 멀리 갈까? 정답은 대략 9조 4,600억 킬로미터다. 숫자로 표현해 보면 1년에 9,460,000,000,000킬로미터다. 그러니 1광년 떨어져 있는 물체를 말할 때는 그 물체가 9조 4,600억 킬로미터 떨어져 있다고 생각하면 된다. 지구가 포함된 우리은하의 중심부로 가려면 2만 6,000광년 동안 이동해야 한다!

이는 마치 금요일 밤에 풋볼 경기가 있는지 확실하지 않을 때와 같은 상황이다. 관중의 함성이 들린다. 경기장 근처에 오니 차도 막힌다. 멀리서 보니 운동장 조명도 환하게 켜 있다. 그런데 경기를 직접 눈으로는 볼 수 없다(주의: 이 상상 속 세계에는 스마트폰이 없어서 아무도 여러분에게 시합 사진을 보내 주지 않는다).

이제 중간 결론은 다음과 같다. 수학적으로 블랙홀의 존재를 예측할 수 있는가? 그렇다. 증거가 있는가? 그렇다. 블랙홀을 직접 보거나 사진을 찍을 수 있는가? 아니다, 완전히 아니다.

옛말에도 있듯이 한 번 보는 게 백 번 듣는 것보다 낫다. 사진이 있다면 블랙홀의 존재를 시각적으로 증명할 수 있을 것이다. 아인슈타인 이론이 최종적으로 확인될 것이다. 사진이 있다면 혹시 수학적인 오류는 없는지, 잘못된 증거는 없는지 알 수 있을 것이다.

무엇보다 블랙홀 연구에 새로운 장이 열릴 것이다.

하지만 우주 속 검은 점의 사진을 어떻게 찍을 수 있을까? 마치 릴레이 경주처럼 블랙홀 연구의 바통이 넘어갔다. 아인슈타인에게서 슈바르츠실트, 다시 찬드라세카르, 그리고 또다시 호킹에게로. 다음에는 어떤 도약이 일어날까? 누가 아무도 부인 못 할 확고한 증거로 사진을 제시할까? 다음으로 바통을 이을 사람은 과연 누구일까?

블랙홀의 구조

화가가 그린 이 이미지는 빠르게 회전 중인 초거대질량 블랙홀을 부착 원반이 둘러싸고 있는 모습을 나타낸다. 회전 중인 얇은 원반은 블랙홀이 덮쳐서 산산조각 낸 태양 같은 항성의 부스러기들로 구성되었다. (사진 출처: ESO)

사건 지평선

블랙홀의 바깥쪽 가장자리로, 물체가 이 안으로 떨어지면 다시 나올 수 없다. 빛조차도. 일단 사건 지평선을 건너가면 절대 탈출할 수 없다!

부착 원반

통통한 도넛처럼 생긴 이 원반은 가스와 먼지로 구성되었다. 블랙홀 주위를 빛에 가까운 속도로 돌면서 우주에 알려진 최고 극한 조건을 만들어 낸다. 예를 들어 온도는? 수천억 도! 극한의 속도와 마찰력 때문에 부착 원반에서는 전기자기파가 나온다. 극한의 마찰력은 극한의 에너지라는 뜻과 같다.

상대론적 제트

블랙홀이 별이나 먼지, 가스 같은 물질을 집어삼키다가 그 일부를 내뿜을 때가 있다. 이 발사물은 수천 광년 떨어진 곳까지 이동하며, 뿜어내는 속도가 빛의 속도에 가까울 때 상대론적 제트라 불린다.

광자구

블랙홀 주변의 밝은 부위를 광자구라고 한다. 사건 지평선 바로 바깥쪽에 있다. 강한 중력 때문에 블랙홀 주변에서는 빛이 휜다. 환한 광자구 덕에 중심부의 검은 그림자, 즉 눈에 보이지 않는 블랙홀을 볼 수 있다.

특이점

블랙홀의 중심점. 물질이 붕괴해서 빨려 들어가는 지점으로, 밀도가 무한대다.

슈바르츠실트 반지름

아인슈타인의 가장 중요한 방정식을 풀어낸 사람의 이름을 땄다. 한 물체가 중력 붕괴를 이루려면 얼마나 작은 공으로 쪼그라들어야 하는지 말해 주는 수치다. 엄청난 사실을 알려 주자면, 지구의 슈바르츠실트 반지름은 탁구공 크기 정도다. 지구가 탁구공 크기로 압축되면 지구도 블랙홀이 될 수 있다!

스파게티화

사람이 블랙홀에 빠지면 어떻게 되는지에 관한 이론이다. 일단 안에 빠지면 엄청난 중력 때문에 스파게티처럼 늘어나게 된다. 다행히 금방 끝난다!

온도

블랙홀 내부는 상상을 초월하게 춥지만 블랙홀 바깥쪽은 딴 세상이다. 거의 빛의 속도로 블랙홀 주변을 움직이는 수많은 물질이 강한 열을 만들어 내기 때문이다.

02

빛과 그림자를 쫓아서

“발밑으로는 얼어붙은 지구,

머리 위로는 완전히 경이로운 것이 함께했다.

남극대륙에는 얼음을 제외하면

두툭이 껴입은 인간 몇 명과

헤아릴 수 없이 많은 별밖에 없었다.”

신나는 일이 벌어질 거라고 했다. 미국 전역의 관심이 우주에 쏠렸다. 잡지와 신문, 텔레비전 뉴스가 몇 주 동안이나 흥분에 휩싸여 있었다. '일식'이라는 거대한 이벤트 때문이었다. 달이 지구와 태양 사이를 지나가며 태양 빛을 가릴 예정이었다. 그러면 일식으로 생긴 그림자가 미국 북서부에 드리워진다고 했다.

째깍째깍 정해진 시간이 다가오자 오리건주와 워싱턴주, 몬태나주 뉴스 카메라들이 하늘을 향했다. 대륙 반대편 뉴욕의 뉴스 앵커들은 데스크에 앉아서 전국의 TV 시청자들에게 이제 곧 벌어질 사건에 대해 생중계로 설명했다. 태양의 전부를 가리는 개기일식이었다. 달이 태양 앞 정중앙에 오게 되면, 대낮이 한밤으로 변한다고 했다!

1979년 2월 26일, 아이들은 그 광경을 보려고 TV 앞에 바싹 달라붙었다. 그림자가 드리워지는 지역에 사는 복 많은 사람들은 그보다 특별한 혜택을 누릴 수 있었다. 웅장한 장관을 눈앞에서 보게 될 터였다. 날씨만 협조해 준다면.

열두 살 소년 셰퍼드 돌먼에게는 아무 설명이 필요 없었다. 그는 그날 아침 태평양 표준시로 오전 10시 직전, 워싱턴주 골든데일에 있는 관측소(즉, 일식을 관찰하기에 최적의 장소)에 이미 와 있었다. 돌먼은 일식을 직접 볼 수 있었고, 혹시 모르는 게 있어도 괜찮았다.

마침 아버지가 고등학교 과학 선생님이었기 때문이다.

"부모님이 차를 몰고 나를 사막으로 데려가셨어요." 돌먼과 부모님은 오리건주 포틀랜드에 있는 집에서 세 시간 넘게 차를 몰고 가서는 직접 일식을 보겠다고 몰려든 수천 명의 군중 속에 자리를 잡았다. 흥분한 사람들이 소리 높여 노래를 불렀고 개중에는 둥둥 북을 울리는 사람들도 있었다. 돌먼은 이 장엄한 쇼를 구경하려고 하늘을 향해 턱을 치켜들었다.

"우리는 일식을 볼 준비가 다 되어 있었는데, 구름이 끼고 말았어요." 그가 기억을 떠올렸다. 눈 닿는 모든 곳에 두꺼운 구름이 덮여 있었다. 곧 개기일식이 시작될 텐데, 몇 분밖에 안 남았는데 눈에 보이는 게 전혀 없었다.

바로 그때 느닷없이, 누가 요술이라도 부린 것처럼 구름이 사라졌다! 북소리가 그치고 사람들이 숨을 죽였다. 돌먼은 눈 보호용 셀로판 테이프를 얼굴 앞으로 들어 올렸다. 그렇게 하면 정면으로 일식을 봐도 안전했다.

"일식이 아주 잘 보였어요. 특별한 순간이었지요. 이 우주에서 나는 정말로 작은 존재로 느껴졌어요. 우주 천체들이 줄만 맞춰 섰을 뿐인데 평소 못 보던 광경이 눈앞에 나타난 거예요. 태양의 코로나(태양 대기의 가장 바깥층에 있는 가스층, 사진에서 밝게 빛나는 부분_옮긴이)를 본 거죠."

40년이 넘는 세월이 흘렀지만 돌먼의 기억은 아직도 세세한 부분까지 선명하다. 한순간에 온 마음을 사로잡혔기 때문이다. 볼 수 없던 걸 보게 되었다. 알 수 없던 걸 관찰했다. 기상 조건으로 봐서는 전혀 불가능했었는데, 달이 태양을 거의 다 가리자 태양 바깥쪽으로 고리가 나타났다. 태양에서 깃털 같은 불길이 뿜어 나왔다. 몇 초 전까지만 해도 꽁꽁 숨어 있던 우주의 풍경을 보며 그는 무언가 알 것 같았다. 매혹되었다. 분명히 말하자면, 천문학에 대한 집착은 아니었다. 돌먼은 관찰을 위해 해가 꼴깍 넘어가도록 망원경에 붙어 사는 소년은 아니었다. "어릴 때 렌즈를 직접 갈아 만들거나 하지는

2017년 8월 21일 월요일 오리건주 마드라스시 상공에 나타난 개기 일식. (사진 출처: NASA/오브리 제미냐니)

우주정복노트

다음번 일식은?

알람을 설정해 두자! 북미 대륙을 지나갈 다음번 일식은 2023년 10월 14일이다. (한국천문연구원에 따르면 한국의 다음번 부분일식은 2030년 6월 1일, 개기일식은 2035년 9월 2일이다_옮긴이)

오리건 과학 산업 박물관에서 작업 중인 13세 셰퍼드 돌먼. (사진 출처: 셰퍼드 돌먼)

않았어요." 오히려 그는 새로운 발견을 더 즐겼다. 화성암을 부수고 그 안에 숨어 있는 결정을 찾아내며 어린 시절을 보냈다.

일식을 본 뒤로 돌먼의 호기심이 폭발하기 시작했다. 그는 7년 동안 질주하듯 교육 과정을 밟았다. 고등학교는 열두 살에 입학했고, 대학교 입학은 열다섯 살, 졸업은 열아홉 살에 했다. 세 살에 글을 읽기 시작하고, 학교 수업이 어렵지 않으면 금방 시시해 하던 이 아이는… 그렇다, 블랙홀을 만나기 위한 속성 코스를 밟은 것이었다. 당시에는 블랙홀이 뭔지도 몰랐지만 말이다.

세상 끝자락에서

1986년 남극대륙 맥머도 기지.

찰칵, 찰칵, 찰칵. 남극의 오로라가 까만 밤하늘 위로 차르륵 펼쳐졌다. 부채처럼 펼쳐진 다양한 밝기의 회색, 분홍색 리본들이 커튼처럼 하늘에 드리워져 있었다. 돌먼은 카메라를 집어 들었다. 찍고 또 찍고. 참 쉬워 보인다, 그렇지 않은가? 그런데 실제로는 전혀 쉽지 않은 촬영이었다. 아늑한 뒷마당이나 동네 뒷산에서 하는 촬영이 아니었다. 돌먼은 지상에서 가장 혹독한 환경에 처해 있다. 그렇다. 그가 지금 서 있는 곳은 남극대륙이다.

매사추세츠 공과대학교Massachusetts Institute of Technology, MIT를 다니고 있어야 하는 사람이 왜 여기 있는 걸까?

과학에 흠뻑 빠진 채로 어린 시절을 보내며 빛의 속도로 교육 과정을 마친 뒤, 돌먼은 세계 최고 명문 대학교로 꼽히는 MIT의 물리학 박사 과정에 합격했다. 수준 높은 대학원 과정으로 명성을 떨치는 MIT에 합격하기란 대단히 어렵다. 그곳에서 학위를 따면 앞길은 창창하고 그 어떤 문도 활짝 열린다고 볼 수 있다. 그러니 돌먼은 지금 학교가 있는 매사추세츠주 케임브리지에 있어야 했다. 그런데 정작 지금, 학교에서 이 세상 누구보다도 멀리 떨어져 있었다.

돌먼이 리드 칼리지Reed College에서 학부 과정을 마칠 즈음의 어느 날이었다. 학교 게시판에 잔뜩 붙어 있는 게시물 가운데 하나가 눈

우주정복노트

남극대륙

지구 최남단 대륙. 약 1,400만 제곱킬로미터에 이르는 면적 대부분이 얼음으로 덮여 있다. 이곳에는 여름과 겨울, 단 두 계절뿐이다. 3월에 해가 지면 9월이 될 때까지 다시 뜨지 않는다. 24시간 내내 해가 떠 있는 6개월이 지나면 24시간 내내 캄캄한 6개월이 온다. 겨울 기온은 영하 73도까지 떨어진다.

매사추세츠 공과대학교

미국 매사추세츠주 케임브리지에 있는 이 대학의 캠퍼스는 찰스강을 따라 아름답게 조성되어 있다. 1861년 지질학자인 윌리엄 바튼 로저스가 과학 발전을 위해 설립했으며, 모토는 '마음과 손'이다. 졸업생 가운데 95명이 노벨상 수상자다.

에 들어왔다. 우주 관련 실험을 맡아 줄 연구원을 찾는다는 구인 광고였다. 게다가 장소는 지상에서 제일 춥다는 남극대륙이었다. 어떻게 그가 이를 거부할 수 있었겠는가?

이 일을 선택한다는 것은 MIT에서 발을 돌려야 한다는 뜻이었다. 뉴질랜드로 가서 다시 남극대륙으로 향해야 하니까. 마음 굳게 먹고 햇볕도 없는 겨울 내내 맥머도 기지를 벗어나지 못하는 상황을 감수해야 한다는 뜻이었다. 물론 예외는 있다. 누가 봐도 죽느냐 사느냐라는 위급한 문제가 생겨서, 정부가 위급 상황에서 탈출하라는 명령을 내리면 그때는 탈출할 수 있다.

겨울을 남극대륙에서 보내는 사람은 일부 과학자와 그 보조 인력들이다. 겨울을 그곳에서 지내기로 결심한 사람이라면 모두가 아는 원칙이 있다. 남극을 떠나고 싶다면, 정말로 집으로 돌아가고 싶다면, 겨울이 오기 전에 떠나야 한다는 것이다. 늦은 봄이 되기 전까지는 새 인력도, 보급품 추가 지원도 없기 때문이다. 그게 그곳의 원칙이다. 햇빛도 없고, 새로 만날 사람도 없다. 혹독하게 춥다. 길 건너 철물점 따위는 꿈속 이야기다. 그런 조건도 마다하지 않을 사람은 특정 유형에 불과하다. "고장 나면 내가 고쳐 쓴다" 하는 사람이 필요하다. 돌먼이 바로 그런 사람이었다. 당시 돌먼은 열아홉 살, 남극대륙에서 겨울을 지내는 최연소 인물이었다.

돌먼이 처음 남극대륙에 도착했던 때는 여름이었다. 태양은 하늘에서 원을 그리며 이동했지만 절대로 땅 아래로 지는 법이 없었다. 그러다가 이윽고 겨울이 왔다. 태양은 수개월간 휴가를 떠났고 남극대륙은 세상천지 어디에서도 볼 수 없는 암흑으로 뒤덮였다. 너무 추워서 뜨거운 물을 창밖으로 뿌리면 순식간에 증발해 버렸다.

그곳에 돌먼이 있었다. 발밑으로는 얼어붙은 지구, 머리 위로는 완전히 경이로운 것이 함께했다. 이 세상 다른 지역에서는 매연이 밤하늘의 별을 대부분 다 가리지만 남극대륙에는 얼음을 제외하면 두둑이 껴입은 인간 몇 명과 헤아릴 수 없이 많은 별밖에 없었다.

남극대륙에서 고개를 들고 밤하늘을 보면 마치 우주를 직접 들여다보는 것 같았다. 기가 막히게 멋진 경험이었다. "평생 본 하늘 중

1986년 남극대륙 섀클턴 오두막에서의 셰퍼드 돌먼. (사진 제공: 셰퍼드 돌먼)

우주정복노트

맥머도 기지

남극대륙은 과학 연구의 중심지다. 겨울에는 1,000명 정도의 과학자들이 상주하며, 여름에는 5,000명까지 늘어난다. 대륙 전체에 많은 나라의 연구소들이 건립되어 있다. 맥머도 기지는 미국 연구소의 이름으로, 남극대륙 로스섬의 화산암 위에 건축되었다. 연구소 이름은 1800년대 초반 남극대륙 탐험가였던 영국 해군 장교 아치볼드 맥머도의 이름에서 따왔다. 요즘은 미국 국립과학재단 홈페이지를 통해 기지에서 보내는 웹캠 라이브 스트리밍을 볼 수 있다.

에 최고였어요. 세상 끝자락에서 문득 고개를 들면, 도저히 믿어지지 않는 광경이 펼쳐졌어요!" 돌먼이 말했다. 마치 지직거리는 흑백 텔레비전 화면으로 보다가 VR 헤드셋을 쓰게 된 것 같다고나 할까. 나와 내가 바라보는 물체 사이의 거리감은 사라지고 없었다.

1987년 맥머도 기지 셰퍼드 돌먼의 연구실 하늘에 뜬 오로라. (사진 출처: 셰퍼드 돌먼)

그래서 돌먼은 삶과 과학에 대해, 그리고 그 둘에 자기가 왜 그토록 흥분하는지에 대해 집중적으로 생각할 수 있었다. 어렸을 때와 마찬가지로, 우여곡절 끝에 무언가를 처음으로 관찰하게 된다는 것에 의미가 있었다. 늘 존재했으나 시야에서 벗어나 있던 어떤 것을 보게 된다는 점이 특별했다. 그리고 돌먼의 미래를 구성하게 될 또 다른 요소가 있었다. 질문의 답을 찾고 임무를 완수하기 위해 능숙하게 기계를 다룰 수 있는 능력 말이다. 남극대륙에서 연구하려면 두 팔을 걷어붙이고 고장 난 걸 고칠 줄 아는 실용적인 감각이 필수적이었다. 하루 8시간 연구실에 앉아 기록만 하는 일이 아니었다. 남극대륙에서 과학은 곧 모험이었다. 모험에 대한 감각과 우주의 신비를 밝혀내려는 욕구를 겸비한 사람이라면… 그런 사람이라면 세상에서 제일 큰 망원경으로 1억 킬로미터 넘게 떨어진 블랙홀을 겨냥하는 프로젝트에 안성맞춤일 터였다.

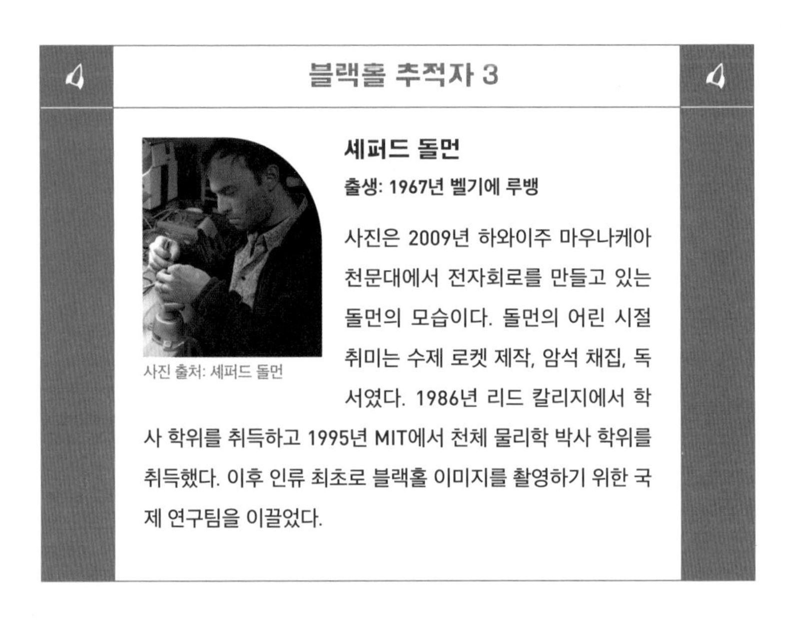

블랙홀 추적자 3

사진 출처: 세퍼드 돌먼

세퍼드 돌먼

출생: 1967년 벨기에 루뱅

사진은 2009년 하와이주 마우나케아 천문대에서 전자회로를 만들고 있는 돌먼의 모습이다. 돌먼의 어린 시절 취미는 수제 로켓 제작, 암석 채집, 독서였다. 1986년 리드 칼리지에서 학사 학위를 취득하고 1995년 MIT에서 천체 물리학 박사 학위를 취득했다. 이후 인류 최초로 블랙홀 이미지를 촬영하기 위한 국제 연구팀을 이끌었다.

과학자의 책꽂이

로버트 포워드, 《용의 알The Dragon's Egg》

돌먼의 관심을 사로잡았던 책으로서 1980년 출간된 과학소설이다. 어느 중성자 별에 살고 있는 생명체를 중심으로 이야기가 펼쳐진다.

보이지 않는 하늘을 보는 법

강아지 훈련용으로 사용하는 도그휘슬을 본 적이 있는가? 금속 호루라기를 입술에 대고 훅 불면 개가 주인에게로 달려간다! 인간은 그 호루라기 소리를 들을 수 없지만 개에게는 크고 선명하게 들린다고 한다.

빛도 이런 식으로 생각해 보자. 우리가 맨눈으로 보는 빛은 일종의 전기자기파다. 그러나 전기자기파 스펙트럼에서 인간 눈에 보이는 부분은 극히 일부에 불과하다. 인간이 볼 수 있는 일부를 '가시광선'이라고 부른다.

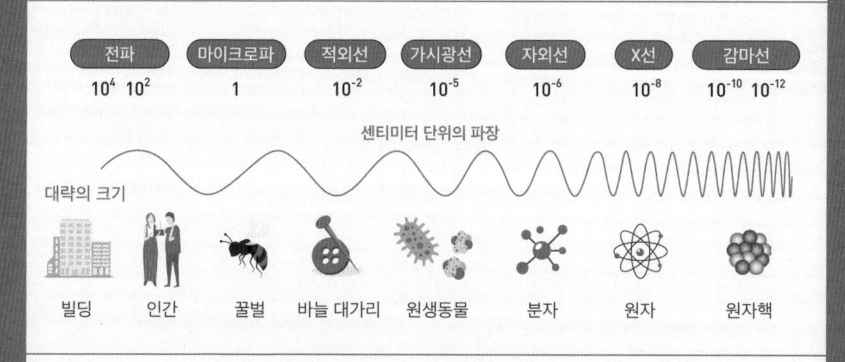

이 다이어그램은 전기자기파 스펙트럼 속 최장에서 최단까지 다양한 파장을 보여 준다. (사진 출처: NASA)

다시 말해 우리가 밤하늘을 볼 때 극히 일부만 보고 있다는 뜻이다. 아무리 강력한 광학망원경을 사용해도, 인간이 볼 수 있는 건 가시광선뿐이다. 그 말은 눈에 보이지 않는 광활한 우주가 탐험을 기다리고 있다는 뜻이다.

행성, 달, 별, 혜성, 소행성, 기타 다른 우주 물체 거의 모두가 빛과 상호작용을 한다. 스스로 빛을 내기도 하고 다른 곳에서 온 빛을 반사하기도 한다. 빛을 흡수하거나 전달하기도 한다.

그림을 보면 전기자기파 스펙트럼의 단위가 파장임을 알 수 있다. 스펙트럼에서 파장이 긴 쪽이 전파(=라디오파)인데, 우주에는 전파를 발산하는 천체가 많다. 초신성 같은 사건도 전파를 발산하는데, 과학자들이 빅뱅 당시에 분출된 전파를 찾아낸 적도 있다!

전파 신호가 먼 길을 거쳐 지구까지 오는 것이다. 그런데 전파는 가시광선 스펙트럼 위에 있지 않다. 그렇다면 우리는 어떻게 전파를 포착할까? 바로 전파망원경으로 포착한다!

과학자들은 전파망원경으로 수집한 전파를 집중, 증폭시킨 다음 그 데이터를 강력한 컴퓨터에 저장시켜 분류하고 통합한다. 그러면 연구자, 천문학자, 과학자들이 그 데이터를 이용해서 망원경이 관측한 내용의 의미를 해석한다.

미국 항공 우주국 나사National Aeronautics and Space Administration, NASA는 이를 다음과 같은 과정으로 생각하라고 한다. 차를 타고 가다가 라디오(기계)로 음악을 듣고 싶다면 적당한 주파수나 채널을 찾는다. 차에 달린 안테나가 그 라디오파(즉, 전파)를 잡아내게 하는 행위다. 그렇게 잡아낸 전파를 차에 내장된 라디오 기계가 사람이 들을 수 있는 음파로 변환시킨다.

전파망원경으로 관측한 밤하늘에는 먼 은하계와 블랙홀 주변의 열복사, 초신성 폭발 뒤 남은 잔재 등 흥미로운 관측거리가 많다. 게다가 광학망원경으로 항상 봐왔던 천체라도 전파망원경은 전에 보지 못하던 새로운 정보를 보태 주기도 한다.

전파천문학자 애나 호Anna Ho가 광학망원경을 통해 본 메시에 81 은하 그룹의 예를 보여 주었다. 광학망원경은 은하들이 이웃처럼 가까이 있음을 알려 준다. 은하의 모양도 볼 수 있고 크기도 알 수 있다. 그런데 같은 장면을 전파망원경으로 보면 이 은하들이 서로에게 영향을 미치고 있음을 알게 된다. 마치 은하를 휘감은 물결이 그 사이로 들락날락거리는 것 같다.

만약 이런 은하와 물결에 관해 더 세부적인 부분을 더 높은 해상도로 보고 싶다면, 전파망원경 여러 대를 연결해야 한다. 안테나 여러 대를 그룹으로 설치한 다

가시광선(왼쪽)과 전파(오른쪽)로 잡은 메시에 81과 메시에 82, NGC3077 은하의 이미지. 이들은 메시에 81 은하 그룹의 주요 구성체다. (사진 출처: SKA 망원경 아카이브)

음 동일한 천체를 겨냥한 뒤 동시에 같이 관측하는 것이다. 이후 각각의 안테나가 관측한 내용을 하나로 모아 통합한다. 이렇게 데이터를 서로 맞추는 과정 덕분에 여러 대의 망원경이 크고 강력한 전파망원경 한 대로 탄생한다. 우주 천체를 조사하는 과학자들에게 더욱 선명하고 예리한 도구가 생기는 셈이다. 이런 방법을 '간섭계interferometry'라고 부른다.

03

블랙홀의 흔적을 찾다

✷

"살면서 누구든 실패를 겪습니다.
실패해도 다시 일어나 툭툭 털고
한 번 더 시도할 용기가 내면에 있어야 해요.
앞으로 나아가기 위해 꼭 필요한 힘이니까요."

블랙홀을 보고야 말겠어

지구의 끝에서 한 해를 보내고 또 다른 기지를 돌아다니며 다시 한 해를 보낸 뒤, 돌먼은 MIT에 다시 지원했다. 그리고 이번에도 합격했다. MIT가 근사한 이유 중 하나는 그곳에 있는 아주 훌륭한 관측소다. 거기서 일할 수 있다는 뜻이니까!

MIT의 헤이스택 천문대Haystack Observatory는 매사추세츠주 보스턴 외곽 어느 완만한 언덕 꼭대기에 자리 잡고 있다. 차를 타고 언덕을 오를 때는 양 옆으로 짙게 우거진 나무들이 보이다가 꼭대기 공터에 이르면 무수한 삼각형이 연결된 거대한 지오데식돔geodesic dome이 나타난다. 헤이스택에서 일하려면, 그리고 그곳의 어마어마하게 큰 망원경을 이용하려면 관련 과학에 대한 이해뿐 아니라 기계 자체에 대한 이해, 기계를 작동시킬 능력, 필요하다면 세상에서 동떨어진 곳도 마다하지 않고 가는 의욕이 필요하다.

우주정복노트

전파천문학

전파천문학은 과학의 한 분야다. 전파망원경을 써서 우주에서 오는 빛의 파동을 수신할 뿐만 아니라 그것을 송출하기도 한다. 우주에 있는 천체에 그 빛을 반사시켜서 천체의 크기, 모양, 특징 따위의 유익한 정보를 알아낸다.

이 모든 걸 충족시키는 완벽한 후보가 누구인가? 바로 돌먼이다. 돌먼은 우주를 이해하고 탐사하는 일뿐만 아니라 기계를 뚝딱뚝딱 고치는 일도 잘했다. 게다가 외진 곳, 험한 환경에서 지내는 법도 잘 알고 있었다.

헤이스택 천문대에 간 돌먼은 금방 적응했다. 기구 조작법, 데이터 해석 방법, 방 하나 가득 벽처럼 쌓인 컴퓨터를 사용하는 방법 등을 모두 잘 익혔다. 그리고 헤이스택 천문대의 관측 역량과 전산 역량을 잘 알게 되었다.

너무 똑똑하거나, 너무 어리거나, 어린 시절을 유럽에서 보냈던

헤이스택 천문대의 모습. (사진 출처: 데이드롯)

터라 너무 '남달라서' 언제나 사람들과 잘 어울리지 못했던 돌먼. 아웃사이더 과학자는 별안간 물 만난 고기처럼 그 '어울리지 못함'을 슈퍼파워로 바꿀 수 있게 되었다.

그는 초장기선 전파간섭계Very Long Baseline Interferometry, VLBI라고 불리는 것에 집중했다. 길고 낯선 단어지만 개념은 간단하다. 〈블랙홀

우주정복노트

헤이스택 천문대

건축: 1964년에 미국 정부가 지었고, 6년 후 민영 관측소가 되었다.

위치: 매사추세츠주 웨스트퍼드

기구: 37미터 전파망원경, 18.3미터 전파망원경, 레이더, 다수의 대형 전파 안테나, 데이터 처리용 슈퍼컴퓨터

사명: 은하와 우주의 구조를 이해하고, 우리 지구와 대기권에 대한 과학적 지식을 진전시키며, 전파 과학과 레이더 탐지에 사용할 기술을 개발하고, 차세대 과학자와 엔지니어의 교육과 훈련에 기여한다.

재미있는 역사적 사실: 미국이 러시아와 우주 개발을 두고 초조하게 경쟁하던 때(당시 미국이 지고 있었다), 나사의 달 착륙 지점을 정하는 임무를 헤이스택이 맡았다. 과학자들은 레이더를 이용해서 달 표면을 스캔한 뒤 분화구, 매끄러운 평원, 가파른 산 등의 위치를 파악했다. 그렇게 달 표면에서 가장 완벽한 지점을 찾아낸 덕에 역사를 새로 쓸 수 있었다.

추적 일기 2〉에서 설명한 망원경 여러 대를 배열해서 쓰는 방법을 기억하는가? 산꼭대기에 망원경 여러 대를 그룹으로 설치하고 같은 천체를 조준해 관찰하는 방법이다. VLBI도 비슷한 방식이다. 조금 다른 점이 있다면 같은 장소에 망원경을 모아 놓는 대신에 꽤 멀찍이 떨어뜨려 놓는다는 것이다. 이때 망원경과 망원경 사이의 거리를 기준선 또는 기선이라고 부른다. 즉, 초장기선이라는 말은 망원경 사이의 거리가 매우 멀다는 뜻이다.

집 밖에 나가 달구경을 할 때, 지구의 한 지점에서 올려다본 하늘 속 달은 무척 작아 보인다. 손을 뻗어 비교하면 손보다 크지도 않다. 하지만 망원경으로 달을 보면 그 이미지가 확대된다. 화면 가득 달이 잡힐 뿐만 아니라 달 표면의 분화구나 언덕같이 세밀한 부

우주정복노트

VLBI

친구와 함께 축구 시합을 보러 갔다고 상상해 보자. 둘 다 카메라를 가지고 운동장 반대편에 제각각 서서 동시에 시합 사진을 찍었다. 그다음 각자 찍은 사진을 비교해서 자르고 붙인다고 생각해 보자. 겹치는 부분을 이용하면 훨씬 자세하고 심층적인 이미지가 완성될 것이다. VLBI 작동 방식도 이와 유사하다. 두 대 이상의 망원경을 연결해서 마치 한 대처럼 쓰는 것이다. 지그소 퍼즐 같다. 낱개의 조각이 합쳐져서 천체에 관련한 더 많은 세부 사항과 단서, 더 많은 정보를 제공한다.

분까지 볼 수 있게 된다. 그런데 같은 망원경을 가지고 화성을 보면 그다지 잘 보이지 않는다. 화성은 훨씬 더 멀기 때문에 화성을 보려면 더 크고 강력한 망원경이 필요하다.

아주 멀리 있는 물체를 보려면, 가령 수천수만 조를 넘어 수백경 광년 떨어져 있는 물체를 보려면 꽤나 큰 망원경이 필요할 것이다. 서 있는 자리에서 관찰 대상이 작아 보일수록 그 대상을 제대로 보기 위해서는 그만큼 더 큰 망원경이 필요하다. 망원경 크기는 전파 수집에도 결정적인 역할을 한다. VLBI 기법을 쓰면 정말로 거대한 망원경을 만들 수가 있다.

이 기법에는 또 다른 흥미로운 가능성이 있다. 다시 한번 전기자기파 스펙트럼(파장에 따라 정리한 빛 스펙트럼)으로 돌아가 보자(51쪽). VLBI는 진동수가 제일 많은, 즉, 파장이 제일 짧은 빛(이런 최고주파 단파장을 가리켜 서브밀리미터 그룹이라고 부른다)을 보기 위해서도 쓸 수 있다. 그러면 해상도가 훨씬 선명해진다. 과학 시간에 현미경을 들여다본 경험을 떠올려 보자. 처음에는 슬라이드가 뿌옇게 보이지만 초점을 제대로 맞췄다면 점점 선명해진다. 거대 망원경으로 수신된 서브밀리미터 파동도 더 선명한 해상도를 제공한다. 그 말은 더 세부적으로, 기술적으로 가능한 최고 수준으로 볼 수 있다는 뜻이다.

그게 왜 중요하고, 심지어 흥미롭기까지 하냐고?

지금까지 사람 눈에 보이지 않던 것, 심지어 망원경으로도 볼 수 없던 것을 보게 될 기회를 의미하기 때문이다. 사람 눈으로 볼 수 있는 빛은 가시광선에 국한된다는 사실을 기억하자. 따라서 새로 개발한 도구로 우주를 보면 인간은 전에 보지 못했던 것들을 보게 된다. 이는 새로운 발견의 기회가 되고 획기적인 과학의 진보로 연결되기도 한다. 다시 말하면, 전에는 이해할 수 없었던 우주의 어떤 부분을 설명할 수 있게 된다는 뜻이다. 잘하면 이런 혁신적인 기술을 우주 궁극의 비밀인 블랙홀 연구에도 이용할 수 있을 것이다.

다른 전파들은 초거대질량 블랙홀인 궁수자리 A* Sagittarius A*과 지구 사이에 있는 무수한 우주먼지를 통과하지 못한다. 뒷마당에 있는 개가 무엇을 하는지 궁금해서 창밖을 내다본다고 생각해 보자. 창문에 먼지가 껴서 불투명하다면 제대로 보이지 않을 것이다. 물

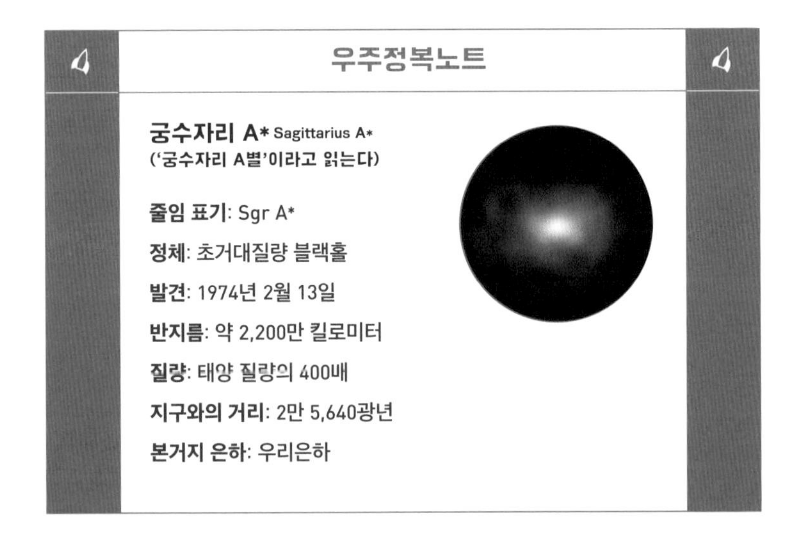

우주정복노트

궁수자리 A* Sagittarius A*
('궁수자리 A별'이라고 읽는다)

줄임 표기: Sgr A*

정체: 초거대질량 블랙홀

발견: 1974년 2월 13일

반지름: 약 2,200만 킬로미터

질량: 태양 질량의 400배

지구와의 거리: 2만 5,640광년

본거지 은하: 우리은하

론 형체가 움직이는 걸 보고 어림짐작할 수는 있다. 하지만 제대로 보려면 창이 투명해야 한다.

VLBI를 이용해서 고주파 서브밀리미터 빛의 파동을 관측하는 것은 은하의 온갖 희부옇고 칙칙한 물질을 뚫고 우주 천체를 뚜렷하게 볼 수 있는 아주 좋은 방법이다!

초거대질량 블랙홀 궁수자리 A*이 우리은하의 중심부에 자리 잡고 있다. 큰 이미지에는 찬드라 우주 망원경의 엑스선과 허블 우주 망원경의 적외선 정보가 포함되어 있다. 작은 이미지에는 엑스레이로만 찍은 궁수자리 A*의 클로즈업 뷰가 보인다. 0.5광년 넓이의 지역이 담겨 있다. (사진 출처: 엑스레이: NASA/매사추세츠주립대, IR: NASA/STScl)

헤이스택팀은 이 방법을 적극적으로 활용했다. 전 세계 다른 천문학자들도 마찬가지였다. 자잘한 성공과 진보가 각각의 논문으로 발표되었다. 서로의 논문에 실린 내용을 읽고 각자의 연구에 그 기술을 통합시켰다.

이런 작업에는 컴퓨터 코드, 알고리즘, 관측 시간만 필요한 게 아니다. 전파망원경을 찾은 뒤 세계 각지로 이동해서, 같은 천체를 같은 시각에 조준하도록 각 현장의 망원경을 조절해야 했다. 게다가 전파망원경은 애초에 낮은 주파수 영역의 빛을 모으기 위해 설계된 도구다. 고주파 서브밀리미터를 위한 도구가 아니었다. 그러다 보니 보정하는 작업을 거쳐야 했고, 그 작업은 사람이 직접 연장을 들고 해야 하는 일이었다.

앞으로 몇 년이 걸릴 일이었고 그렇게 되면 돌먼의 졸업은 또 늦어질 것이다. 하지만 그는 남극대륙과 MIT, 헤이스택이라는 독특한 여정을 이미 경험했다. 도구와 그 사용처에 대한 흥미도 각별했다. 이런 그에게 이제 좀 더 집중된 목표가 생겼다. 돌먼을 계속해서 움직이게 했던 동력은 바로 이 최종 목표였다. 끝내 블랙홀을 보고야 말겠다는 목표.

블랙홀 추적 시작

가늠도 못 할 만큼 멀리 떨어져 있는 물체를 보려면 정말 정말 커다란 망원경을 써야 한다. 참 간단하다, 그렇지 않은가? 그런데, 사실은 그렇게 간단하지 않다. 쌍안경으로 멀리 떨어져 있는 산을 보려 한다고 가정하자. 산 위의 나무를 한 그루 한 그루 분별할 수 있을 때까지 렌즈의 초점을 맞출 것이다. 그런데 이제 그 설정을 그대로 둔 채 얼굴을 돌려 방 맞은편에 서 있는 동생 얼굴을 들여다본다고 치자. 멀리 있는 산 관찰용으로 맞춰 놓은 쌍안경 렌즈로 동생 얼굴에서 볼 수 있는 건 아마도 눈알 정도일 것이다!

물론 동생 얼굴 생김새야 익숙할 테니 쌍안경 속 눈알이 동생 모습의 전부가 아니라는 사실은 잘 알 것이다. 하지만 우주의 새로운 모습을 관찰하거나 조사한다면, 그 대상이 익숙하지는 않을 것이다. 만약 망원경이 너무 거대하고 너무 강력해서 목표물의 지극히 작은 일부만 포착한다면 어쩌겠는가? 반대로 망원경이 너무 작아서 거대한 우주 한복판에서 목표물을 놓쳐 버린다면?

돌먼은 이 문제에 관해 곰곰이 생각했다. 망원경이 너무 크면 블랙홀의 극히 일부만 보게 될지도 모른다. 너무 작으면 전혀 못 볼지도 모른다. 알맞은 망원경 크기를 어떻게 알 수 있을까? 돌먼과 연구진은 우선 지구에서 제일 가까운 초거대질량 블랙홀의 크기를 측정해 보기로 했다.

2006년 돌먼과 천문학자 동료 몇 명은 우리은하 중심부로 관심을 돌렸다. 대다수 은하처럼 우리은하 중심부에도 무시무시한 블랙홀 궁수자리 A*이 있다. 돌먼은 그 크기를 재어 보고 싶었다. 그래서 전파망원경 현장 두 곳을 이용하기로 했다.

1단계: 세계 여러 곳에 있는 전파망원경을 사용할 수 있도록 허가받는다. 두 장소의 거리가 멀수록 통합 망원경의 크기가 커진다. 즉, 더 선명하고 더 세밀하게 볼 수 있다.

2단계: 우리은하의 블랙홀인 궁수자리 A*에서 나오는 빛 신호를 각각의 망원경이 정확히 초 단위로 똑같은 시각에 따로 수집해서 데이터로 바꾼 다음 하드 드라이브에 저장한다.

3단계: 하드 드라이브를 수거해서 데이터를 결합한다. 거대 망원경 한 대로 얻은 데이터처럼 통합하면 다른 어느 망원경으로 관찰한 것보다 훨씬 상세할 수 있다.

돌먼이 말했다. "지금까지 이렇게 해본 사람은 아무도 없었어요." 이번에 성공하면 최종 목표로 가는 길에 푸른 신호등이 켜지는 셈이었다. 블랙홀 사진을 찍겠다는 목표는 꽤나 위험한 도박이었는데, 그게 잘 되려면 이번 작업이 꼭 제대로 되어야 했다.

돌먼은 망원경 관측 시간부터 예약했다. 전 세계 전파망원경 가운데 미국 애리조나와 하와이에 있는 망원경 두 대를 잡았다. 두 망원경의 힘을 합쳐서 지구와 가까운 우주 괴물의 크기를 재볼 참이었다.

돌먼은 하와이 사화산 꼭대기에 앉았다. 두 관측소가 정확히 똑같은 시간에 관측한 내용을 기록하기 시작해야 했다.

"현장에서 작업하던 당시는 일이 잘될 거라는 보장이 전혀 없었어요. 그래도 우리는 순전히 믿음으로, 실험을 완벽하게 준비했다는 스스로에 대한 확신으로 움직였어요."

연구진은 모든 일이 순조롭게 진행될 수 있도록 해가 지기 전에 관측소 문을 열고 들어가서 다음 날 해 뜨기 전까지 한숨도 안 자고 기구를 점검했다.

"애리조나에서 하와이에 이르는 크기의 초대형 가상 망원경을 아주 효과적으로 만든 거예요. 관측이 끝났고 데이터를 전부 본부 시설로 가져와서 통합했어요."

즉석에서 만족스러운 결과를 얻을 수 있는 방법이 절대 아니었다. 신중하고도 꼼꼼하게 데이터를 검토하려면 몇 개월이 걸렸다.

매사추세츠로 돌아온 연구진은 데이터를 슈퍼컴퓨터로 돌렸다. 계속해서 돌리고 또 돌렸다. 검토하고 또 검토했다. 정확히 하느라 몇 개월을 소비했다. 그리고 마침내, 결과가 나왔다.

결과는 처참했다. 탐지된 게 없었다. 실험에 실패했다. 케이크를 구울 때 빵이 부풀어 오르기를 기다린 뒤 오븐 문을 열었는데 오븐 불을 켜지도 않았다는 사실을 알게 된 상황이나 다름없었다. 다른 게 있다면, 케이크처럼 다시 구우려고 황급히 부엌으로 달려갈 수 없다는 점이었다. 망원경은 길 건너에 있는 기구가 아니니까. 망원경을 쓸 수 있는 시간도 드물었다. 과학자들이 저마다 쓰겠다고 경쟁하는 중이었다. 날려 버린 시간이며 비용은 말할 것도 없었다. 그 많은 것을 치르고도 얻은 게 전혀 없었다.

대체 뭐가 잘못되었는지 알아내야 했다. 원인이 무엇인지 알 수 없었다. 기계 고장이었을까? 컴퓨터 결함이었을까? 주변 환경이 문제였을까? 블랙홀에 대해서 그들이 몰랐던 어떤 것 때문이었을까? 돌먼은 전혀 감을 잡을 수 없었다. "자연의 횡포였는지도 알 수가 없었어요."

사기가 땅에 떨어졌다.

"그때의 낙담은 이루 다 말할 수가 없어요. 실험에 쏟아부은 에너지와 시간이 엄청났으니까요."

마침내 알아낸 이유는 간단명료했다. 그리고 참담했다. 망원경 한 대가 고장 났던 것이다.

"이런 일을 너무 깊게 받아들이면 사람이 상하게 돼요." 돌먼도 그런 위험을 겪었다. 작업을 위한 희생이 엄청났다. 작업 강도도 극심했고 투입된 인재도 많았다. 그런데도 실험은 실패했다. 슬프지만 사실을 받아들여야 했다.

그러나 그의 목표 의식은 놀랄 만큼 강했다. 얼마간 상처를 다독이고 난 그는 이제 일어나 전열을 가다듬고, 다시 도전할 때임을 알았다. 그렇게 연구진은 낙담을 이겨 냈다. 그들에게는 답을 찾지 못한 질문이 여전히 남아 있었기 때문이다.

"가장 중요한 건 무작정 다시 일어나 시도하는 게 아닙니다. 정말 중요한 건 실패에서 교훈을 얻는 거예요."

새롭게 그룹을 짜고 초점을 잡은 연구진은 다시 일을 시작했다.

그리고 이듬해 또 한번 관측을 시도했다.

이번에는 세 번째 망원경을 추가했다. 그렇게 해서 혹시 망원경 한 대에 문제가 생긴다 해도 세 번째 망원경에서 확보한 데이터로 보완이 가능하도록 했다.

세 대 모두 성공적으로 작동한다면 우리은하 중심에서 오는 신호를 더 많이 기록할 수 있을 것이다. 신호가 많아지는 만큼 더 정교하게 관측할 수 있고, 블랙홀 크기를 잴 수 있는 확률도 커질 거라는 희망을 품었다.

다시 한번 망원경을 궁수자리 A*로 겨냥하고 우리은하에서 나오는 전파를 잡았다. 그런 다음 그 데이터를 헤이스택 천문대에 보내서 처리했다. 또다시 몇 개월이 걸렸고 드디어 결과를 확인할 때가 되었다. 그들은 블랙홀을 실제로 탐지했을까? 블랙홀의 크기를 알 수 있을 만큼 충분한 데이터를 수집했을까?

돌먼은 헤이스택에 있는 컴퓨터 앞에 앉아서 데이터를 들여다봤다. 망원경이 수신한 신호, 잡음, 데이터를 컴퓨터가 하나 하나 분석하고 있었고 그 과정을 신중하게 지켜보던 중이었다. 그러다 전파 망원경이 똑같은 신호를 잡아냈다는 사실을 알아차렸다. 세 대 모두! 그 뜻은 단 한 가지밖에 없었다.

블랙홀을 탐지해낸 것이다! "아마 그때까지 직업상으로 맛본 최고의 경험이었을 겁니다. 마구 흥분되었어요. 그 누구도 본 적이 없던 걸 내가 보고 있다니. 몇 년에 걸친 연구가 결실을 맺은 것이지요. 제대로 되었다는 걸 아는 순간, 떨 듯이 기쁘더군요."

돌먼은 의자를 박차고 일어나 관측소 뒤 슈퍼컴퓨터가 있는 쪽으로 달려갔다. 마이크 타이터스Mike Titus라는 사람이 일하는 곳이었다. 돌먼은 알고 싶었다. 방금 내가 본 것을 과연 타이터스도 보았을까? 대답은 예스!

실패했지만 귀한 교훈을 찾아냈다. 그룹을 재조정했고, 한 걸음 나아갔다. 다시 시도했다. 그리고 이 모든 것이 결실을 맺었다. 연구진은 이 결과를 세계 최고의 과학 학술지에 실었다.

"살면서 누구든 실패를 겪습니다. 그러니까, 어떤 일을 하든 실패를 맞이할 때가 있다는 거죠. 만일 살면서 실패가 없었다면, 그것은 어쩌면 새로운 발견을 하기 위해 꼭 필요한 위험을 회피했다는 뜻이기도 해요." 돌먼은 설명을 이어갔다. "실패는 과정의 일부이니 오히려 실패를 반겨야 해요. 실패는 우리를 탄력적으로 만들지요. 실패해도 다시 일어나 툭툭 털고 한 번 더 시도할 용기가 내면에 있어야 해요. 앞으로 나아가기 위해 꼭 필요한 힘이니까요."

증거를 찾는 탐정단

블랙홀이 존재할 가능성을 눈치채고, 그 작용 원리를 추리하고, 증거를 찾아내기란 쉽지 않다. 그러나 오랜 시간에 걸쳐 여러 명의 과학자가 결정적인 증거들을 찾아냈다. 그들은 각자 자기 몫을 다한 뒤 다음 번 탐정에게 바통을 넘겨 왔다.

사진 출처: AIP 에밀리오 세그레 비주얼 아카이브

카를 슈바르츠실트

탄생 1873년 10월 9일

직업 천문학자, 물리학자

사망 1916년 5월 11일

슈바르츠실트는 독일 가정에서 6남매 가운데 맏이로 자랐다. 돌먼과 달리, 슈바르츠실트는 자기 망원경을 직접 만들어 쓰던 어린이였다. 열여섯 살 때 이중별의 궤도를 알고 싶어서 연구를 시작하고 자기가 발견한 사실과 이론에 대해 논문을 썼는데 그게 출판되기도 했다! 천문학과 천체물리학 분야에서 그가 닦아온 눈부신 경력은 제1차 세계대전 때문에 중단되었다. 슈바르츠실트는 군대에 갔는데, 러시아에서 전투하던 중 피부에 물집이 생긴 걸 알게 되었다. 희귀한 피부병이었다. 그는 전장에서 고통에 신음하면서도 틈틈이 아인슈타인이 발표한 새 이론을 읽었다. 아인슈타인은 일반 상대성 이론의 방정

1960년 카를 슈바르츠실트를 기념하며 독일 타운텐부르크에 설립한 천문대다.
(사진 출처: 위키피디아)

식을 제시하긴 했지만 그 방정식에 대한 명확한 답은 내놓지 않았다. 이 대목에 슈바르츠실트가 등판했다. 그는 방정식 문제를 풀면서 아인슈타인의 이론이 블랙홀의 존재를 예측한다는 사실까지 알아차렸다. 슈바르츠실트는 1915년에 방정식의 답을 발표했고 그 다음 해에 죽었다.

슈바르츠실트가 과학계에 남긴 공적이 이게 전부는 아니지만 가장 유명한 업적 중 하나임에는 분명하다!

재미있는 사실은, 과학자들이 블랙홀을 예측할 수 있다는 그의 글을 읽고도 믿지 못했다는 점이다. 심지어 아인슈타인 본인조차도 믿지 못했다. 수학은 그저 종이 위에서 끝나 버릴 뿐 우주에 실제로 존재하는 무언가를 예측하지는 못한다고 여겼던 것일까? 그의 생각은 당시 과학자들에게 지나치게 해괴한 주장으로 보였다.

사진 출처: 비스워럽 갱굴리

로저 펜로즈

탄생 1931년 8월 8일

직업 수리물리학자

펜로즈는 영국에서 태어났고 블랙홀 연구에 수십 년을 바쳤다. 1965년 블랙홀이 종이 위에서만 아니라 실제 세계에서 절대적으로 존재한다고 주장하는 논문을 발표했다. 펜로즈는 아인슈타인의 일반 상대성 이론을 자세히 살피며 블랙홀이 실제로 존재할 뿐만 아니라 죽어가는 별에서 만들어짐을 보여 줬다. 그가 제시한 증거로 새로운 시대가 열렸다.

2004년에 《실체에 이르는 길: 우주의 법칙으로 인도하는 완벽한 안내서》(승산, 2010)라는 책을 썼다.

2020년 펜로즈는 '일반 상대성 이론으로 블랙홀 형성을 확고하게 예측할 수 있다는 점을 발견한 공로'로 노벨 물리학상을 수상했다. 앤드리아 게즈Andrea Ghez, 라인하르트 겐첼Reinhard Genzel과의 공동 수상이었다.

사진 출처: NASA

스티븐 호킹

탄생 1942년 1월 8일
직업 이론 물리학자, 수학자, 작가, 강연자
사망 2018년 3월 14일

호킹은 갈릴레오 갈릴레이가 사망한 지 정확히 300년이 되던 날 태어났다. 그는 관측천문학의 아버지라고 불리는 갈릴레이처럼 전 생애를 우주 연구에 바치고 싶어 했다. 호킹은 영국 옥스퍼드에서 태어났으며 학창 시절 친구들에게 '아인슈타인'이라고 불렸다. 그때부터 사물이 움직이는 원리에 관심을 가졌고, '신이 우주를 창조했을까?'와 같은 심대한 의문을 품었다. 호킹은 일반인들이 과학과 우주에 대해 이해하는 데 크게 기여했다.

또한 그는 블랙홀의 성질과 행태에 관한 이론을 많이 만들었다. 그중에는 원자보다 작은 입자가 사건 지평선을 건너기 직전 블랙홀에서 탈출할 수 있다는 생각도 포함되는데, 이런 식의 방출을 '호킹 복사'라고 부른다.

호킹은 블랙홀을 조사하는 방법에도 큰 영향을 미쳤다. 그전까지 물리학자들은 일반 상대성 이론과 양자 이론quantum theory을 이용해서 블랙홀 이론을 만들고 있었다. 그러나 호킹의 사망을 알리는 기사에서 펜로즈(호킹과 공동 연구를 자주 했다)가 밝히기를, 블랙홀을 제대로 이해하려면 열역학의 개념을 가져와야 한다는 점을 호킹이 알아냈다고 한다. 호킹의 또 다른 주요 업적은 블랙홀과 빅뱅 이론, 기타 다른 거대한 개념을 말하는 방식에 있다. 그는 세상에서 가장 난해한 과학 개념 일부를 사람들이 이해하기 쉽도록 책을 통해 설명했다. 그의 책은 베스트셀러가 되었으며, 일반 가정에서도 그의 이름이 흔하게 오르내렸다. 또한 그가 다룬 주제에 대해 깊이 생각해 보지 않았던 많은 사람이 과학에 흥미를 느끼도록 해주었다.

과학자의 책꽂이

스티븐 호킹, 《그림으로 보는 시간의 역사》(까치, 2021)

1988년 처음 출간된 이 책은 대중의 시선에 맞춘 과학서다. 우주와 물질, 시간과 공간의 역사에 대한 방대한 이야기를 쉽게 설명했다. 호킹에게는 복잡한 내용을 누구나 이해할 수 있는 쉬운 용어로 설명하는 비범한 재능이 있었다. 이 책은 전 세계 2,500만 부가 팔린 세계 최고의 과학 베스트셀러라 할 수 있다.

사진 출처: 맥아더 재단

앤드리아 게즈

탄생 1965년 1월 16일
직업 천문학자

사진 출처: ESO/M. 자마니

라인하르트 겐첼

탄생 1952년 3월 24일
직업 천문학자

뉴욕에서 자라던 게즈의 마음을 사로잡은 사건은 달 착륙이었다. 인간이 달 표면 위를 걷는 모습을 본 뒤 그녀는 우주와 사랑에 빠졌다. 최초의 여성 우주비행사가 되고 싶었고 다른 세상을 탐사하고 싶다는 열망 때문에 훗날 천체물리학자가 되었다.

겐첼은 독일 프랑크푸르트에서 살았다. 그는 타고난 물리학자였다. 유명한 고체물리학자였던 아버지는 한가할 때마다 그에게 물리학에 관한 중요 개념을 가르쳐 주었다. 종종 기구를 만들어 실험까지 해주었다. 겐첼은 이때 경험으로 실험물리학자가 되겠다고 결심했다. 게즈와 겐첼은 2020년에 펜로즈와 공동으로 노벨상을 수상했다. 1990년대에 벌였던 근사한 연구 덕이었다. 두 천문학자는 각자의 연구진을 이끌고 우리은하 중심부에 자리 잡은 별들을 관측했다. 그 지역에서 거의 60년 동안 전파 신호가 잡혔지만 전파의 출발점을 아는 사람은 아무도 없었다. 그들은 특수 카메라를 장착한 망원경으로 매년 이 신호를 추적해 지도를 작성했다. 무려 수십 년 동안! 각각의 궤도 운동을 포착해 통합한 뒤, 그 이미지를 모아서 '영화'로 만들었더니 놀라운 장면이 드러났다. 2012년, 마침내 그들의 발견이 세상에 발표되었다. 그동안 관측해 온 별들이 눈에 보이지 않는 거대한 물체를 중심으로 돌고 있었다. 궁수자리 A*의 정체는 단 하나일 수밖에 없었다. 바로 '블랙홀'이었다. 비록 눈으로 볼 수는 없었지만, 주변 별들의 움직임으로 블랙홀의 정체가 드러난 것이다!

04

보이지 않는 것을 보는 방법

“세계 각지에 있는 망원경과
전 세계 과학자들의 기술이 필요했어요.
이 프로젝트에서 중요한 것은
우리가 우리만의 문화를 만들어 냈다는 사실입니다.”

돌먼이 궁수자리 A* 관측에 성공한 것이 결정적이었다. 지구 크기의 망원경이면 블랙홀 이미지를 잡기에 충분할 거라는 뜻이었다. 그렇지만 정확히 어떻게 해야 보이지 않는 무언가의 이미지를 포착할 수 있을까?

지금까지 말해왔듯 하늘의 별을 볼 때 우리 눈에 들어오는 것은 가시광선뿐이다. 인간 눈에 보이는 종류의 빛, 즉 무지개 색깔만 본다는 뜻이다. 우리가 보는 이미지는 전체 그림의 지극히 한정적인 일부에 불과하다. 하지만 다행히 과학자들이 각종 기계와 도구를 개발해서 사람 눈으로 보지 못하는 빛도 파악할 수 있게 되었다.

그런데 잠깐! 만일 블랙홀이 이름 그대로 검은색이고, 우주라는 검은 공간에 숨어 있다면, 그리고 거기서 새어 나오는 빛이 전혀 없다면, 대체 어떻게 볼 수 있다는 말일까? 자, 우리가 이미 알고 있는 사실이 있다. 블랙홀 주위로 물질이 소용돌이치면서 만들어진 부착원반의 온도가 수천억 도라는 점이다. 그렇게 가열된 물질이 전파를 방출하는데, 그 전파는 지구까지 닿는다. 그러니 전파망원경이라면 그 신호를 '볼 수 있고', 블랙홀 경계인 사건 지평선 주위로 둥글게 휜 공간을 따라 빛나는 원을 보면, 그 중심의 검은 그림자도 볼 수 있게 된다. 그 그림자가 바로 블랙홀이다.

잠시 상상해 보자. 어느 눈부시게 화창한 날 학교에 있는데, 별안간 하늘에 블랙홀이 열렸다. 물론 눈으로는 블랙홀을 볼 수 없다. 하지만 블랙홀이 태양 앞으로 이동한다면 이야기가 달라진다. 이제 블랙홀의 위치가 지구와 태양 사이라고 상상해 보자. 그렇게 되면, 눈부신 태양 광선 속에 갑자기 블랙홀의 검은 그림자가 눈에 띌 것이다. 어디선가 들어본 듯한 이야기 아닌가? 달이 태양 앞에 서서 개기일식을 이루었다는 이야기와 많이 비슷하지 않은가?

천문학자들은 전파망원경이 일식과 같은 원리로 블랙홀을 포착할 수 있을 거라고 생각했다. 다른 점이 있다. 이 경우에는 태양과 같은 광원이 따로 필요하지 않다. 블랙홀 자체에 있는, 환하게 빛나는 부착 원반이 배경이 되어 사건 지평선 내부의 어두운 그림자를 돋보이게 할 테니까. 망원경 방향만 제대로 잡으면 빛이 넘실대는 배경을 발견할 테고, 그러면 당연히 안쪽의 시커먼 그림자 역시 드러날 것이다.

운동장 관중석에 앉아서 축구 시합을 관람한다고 생각해 보자. 앉은 자리가 필드에서 지나치게 멀어서 선수들이 작게 보인다면, 선수들이 쫓아다니는 공은 훨씬 더 작아 보이리라. 이제 수백만 광년 멀리 떨어져 있는 어떤 물체를 관측한다 생각해 보자.

"지금까지 이런 시도가 전혀 없었던 이유는, 순전히 블랙홀이 너무 작아서예요. 달 표면에 올려 둔 오렌지 한 개를 관측하는 거나 다름없거든요."

블랙홀을 두고 "작다"라니 참으로 희한하다. 그것도 초거대질량 블랙홀 이야기를 하면서 말이다. 하지만 지구에서 보기에 블랙홀이 말도 안 되게 작다는 건 맞는 말이다. 그렇게 작고 그렇게 머니 우리 눈에는 안 보인다. 빛 스펙트럼 전체를 다 볼 수 있는 특수 고글을 쓴다고 해도 마찬가지다. 그렇다면 결론은? 망원경 크기를 키우면 된다. 하지만 어떻게 지구만 한 크기의 망원경 접시 안테나를 만든다는 말인가? 지구는 지름만 해도 1만 2,756킬로미터인데!

해결책은 무엇일까? 초장기선 전파간섭계, 즉 VLBI를 사용하는 것이다. 세계 각지에 있는 망원경을 연결해서 같은 물체를 조준하는 방식 말이다. 2006년 돌먼은 궁수자리 A*의 크기를 재기 위해 애리조나에서 하와이에 이르는 거리만큼 커다란 망원경을 만들었다. 만약 지구만큼 큰 전파망원경 네트워크를 만들 수 있다면?

"지구 전체에 있는 망원경을 묶어서 만든 새로운 도구를 이용해 블랙홀을 들여다보려는 거지요." 연구팀은 VLBI를 한계까지 밀어

우주정복노트

지구의 모양과 크기

지구 크기는 정확히 얼마일까? 줄자를 적도에 대고 재면, 지구 둘레는 약 4만 킬로미터다. 면적은 약 5억 제곱킬로미터다. 지구는 겉보기에 완벽하게 둥근 공 모양이지만 남북극 양극에서 잰 지름이 적도에서 잰 지름보다 약 20킬로미터 짧다. 그런 모양을 뭐라고 하냐고? 편구체 또는 납작 회전 타원체라고 한다.

붙일 작정이었다. VLBI 기술을 이런 목적으로 써본 일은 한 번도 없었다.

"세계 각지에 있는 망원경이 필요했어요. 전 세계 사람들의 지원과 전문 기술도 필요했고요. 그러니 그걸 얻기 위해 노력해야 했죠. 사건 지평선 망원경 프로젝트에서 중요한 것은 우리가 우리만의 문화를 만들어 냈다는 사실입니다."

목표를 위한 여섯 단계

성공한다면 우주에 대한 인류의 지식이 깊어질 것이다. 그뿐만이 아니다. 지구 크기의 망원경을 만들어 쓴다는 발상 자체를 다른 목표에 대입하면 또 다른 우주 문제를 탐구할 수 있게 된다. 신나는 일이었다. 그렇지 않아도 이미 레이저 같았던 돌먼의 초점은 한층 더 예리해졌다. 모든 것은 다음 질문으로 모아졌다. "이걸 이루기 위해 무엇을 해야 할까?"

이 생각을 실현하려면 넘어야 할 산이 많았다. 하나, 전 세계 통틀어 전파망원경이 몇 대밖에 없었다. 사용 시간을 둔 경쟁이 치열했다. 둘, 이들 전파망원경이 설치된 지역은 지구에서 가장 구석진 곳이었다. 셋, 망원경들이 애초에 이런 용도로 설계되지 않았다. 같이 연동해서 사용하려면 특별한 (그래서 값비싼) 장치를 장착해야 했다. 넷, 전 세계가 전례 없는 수준으로 협력해야 했다. 그러나 인류 사회가 분열과 갈등으로 매 시각 후퇴하는 것 같던 때였다. 과연 연구진이라고 예외가 될 수 있을까?

어찌되었든 일단 데이터를 확보한다면, 그것도 헤아릴 수 없을 만큼 많은 데이터를 확보한다면 그때는 어떻게 해야 할까? 데이터를 처리해야 한다. 그래서 다섯, 이 무지막지한 분량의 데이터를 다룰 수 있는 슈퍼컴퓨터와 데이터를 저장할 하드 드라이브, 그 모든 데이터를 이미지로 변환할 방법에 대한 계획도 필요했다.

사실 당시에는 망원경들의 관측 내용을 기록하고 해석할 수 있는 전산 기술이 아직 없었다. 그러나 돌먼은 기꺼이 모험을 시작했다. 전산은 발전 속도가 빠르니까, 계속해서 개발되면 때맞추어 데이터 처리를 할 수 있으리라. 정말 대단한 모험이었다.

아, 마지막으로 여섯, 이 모든 일에 돈이 든다. 정말 많은 돈이 필요하다. 그야말로 수백억이. 그러니 돈도 구해야 했다.

중대한 질문이었다. 그만큼 해결해야 할 문제도 컸다. 그렇지만 돌먼은 여전히 해낼 수 있다고 믿었다. 점점 늘어나는 사건 지평선 망원경 프로젝트 연구진은 머뭇거리지 않고 문제 해결에 깊숙이 뛰어들었다.

M87 은하의 블랙홀

눈을 들어 밤하늘에서 처녀자리를 찾아보자. 거기에 블랙홀이 있다. M87이라고 불리는 은하의 중심부에서 소용돌이치고 있다.
그런데 작고 제한된 인간의 눈으로는 그 블랙홀을 볼 수 없다. 뭐니 뭐니 해도 5,500만 광년이나 떨어져 있으니 보이지 않는다. 빛의 속도가 1초에 약 30만 킬로미터인 것을 감안하면 그 거리는 짐작하기도 어렵다. 하지만 분명히 그곳에 블랙홀이 있다. 게다가 보통 블랙홀이 아니다. 태양 질량의 65억 배인 초거대질량 블랙홀이다.

부착 원반의 속도

시속 약 320만 킬로미터. 부착 원반 안쪽이 바깥 부스러기들보다 더 빨리 회전한다.

제트

블랙홀 제트는 블랙홀의 최첨단 연구 분야다. 제트 자체와 그것이 어떻게 작동하는지에 관해 아직 연구할 것이 너무 많다. 제트 연구를 위해 과학자들이 동원한 망원경은 광학망원경, 전파망원경, X선망원경 등 종류가 다양하다. 그렇다면 지금까지 무엇을 알아냈을까? 블랙홀 주위를 돌던 물질 가운데 일부는 사건 지평선 너머로 들어가 다시는 볼 수 없게 되지만 또 다른 일부는 강력한 제트 형태로 블랙홀 밖으로 발사된다는 것이다. 우주용 스피드건이 있다면 블랙홀 제트 속도가 거의 빛의 속도로 측정될 것이다. 제트는 이동 거리도 대단히 멀다! 어떤 제트는 5,000광년이나 날아간다!

블랙홀에서 분출된 원자보다 작은 입자들의 제트가 M87 중심부에서 쏟아져 나오고 있다.
(사진 출처: NASA와 허블 헤리티지 팀)

05

구원투수 등장

"ALMA는 경쟁이 아니라
협력을 통해 만들어진 망원경이다.
길은 분명했다.
보이지 않는 것을 보려면 두 팀이 협력해야만 했다."

지구 반대편의 또 다른 과학자

대서양 건너편에 또 한 명의 과학자가 있었다. 그도 돌먼처럼 몇 년 동안 같은 질문을 던지고 있었다. '과연 블랙홀의 모습을 사진 찍을 수 있을까?'

그 과학자의 이름은 하이노 팔케Heino Falcke다. 팔케는 2013년에 자신의 프로젝트 이름을 '블랙홀 캠'이라고 지었다. 이름만 보면 마치 팔케가 블랙홀을 향해 웹캠을 설치하고 촬영한다는 뜻 같다. 하지만 사실과 전혀 다르다. 상상도 못 할 만큼 복잡한 개념에 그저 산뜻한 이름을 붙였을 뿐이었다.

팔케는 본래 라드바우드 대학교Radboud University 전파천문학과 천체입자물리학 교수였다. 연구 성과가 좋아 상도 여러 번 받았으며 명

우주정복노트

라드바우드 대학교

라드바우드 대학교는 네덜란드의 가톨릭 대학교로 세계 최상급 대학 가운데 하나다. 1923년 반가톨릭 정서가 퍼져 있던 시절에 연구직, 의료계, 법조계에서 배척당하던 가톨릭 신자들을 위해 설립되었다. 이곳의 학생, 교수, 연구자들은 혁식적인 과학 연구에 자주 참여한다. 학교의 사명은 '모든 이에게 균등한 기회를 주는 건전하고 자유로운 세상'에 기여하는 것이다.

네덜란드 네이메헌에 위치한 라드바우드 대학교의 가우스미트 파빌리온과 하위헌스 빌딩.
(사진 출처: BJ. 쇤마케르)

성도 떨쳤고 수백만 유로의 상금도 받았다. 대부분 블랙홀 연구와 북유럽에 망원경을 세운 공로로 받은 것이었다.

전파천문학을 향한 팔케의 여정은 꼬마 시절부터 시작했다. 독일 쾰른에서 살던 때였다. 그는 매주 집 앞을 지나가던 쓰레기 수거 차에 홀딱 빠져 버렸다.

어린 팔케는 집 앞을 지나가는 쓰레기 차를 구경하는 데 그치지 않았다. 기시 쓰레기 차 운전사가 되고 싶다고 생각했다. 오랜 세월이 흘렀는데도 그때 이야기를 하는 팔케에게서 기쁨과 동경이 보였다.

자전거를 타는 여섯 살 꼬마 하이노 팔케. (사진 출처: 하이노 팔케)

"다섯 살이나 여섯 살 쯤이었지요. 길에서 놀고 있으면 매주 커다란 쓰레기 차가 지나갔어요." 기억을 떠올리며 말하는 그의 표정에서 기쁨이 드러났다. 어린 팔케는 사람들이 작업하는 모습을 옆에서 지켜봤다. 사람들이 트럭에서 내리더니 차 옆면의 버튼을 눌렀다. 그러자 금속 팔이 내려와서는 쓰레기통을 잡고 위로 올린 다음 차 안으로 쓰레기를 털었다. 그뿐만이 아니었다. 운전사가 또 다른 버튼을 누르니 신기한 광경이 벌어졌다. 쓰레기가 한데 섞여 뭉개졌다. 꼬마 팔케는 홀린 듯 기계가 작동하는 모습을 지켜봤다. 버튼 몇 개 눌렀을 뿐인데 거대한 기계가 멋지게 임무를 완수했다.

과학자의 책꽂이

〈사이언티픽 아메리칸 Scientific American〉

1845년 8월 28일에 루퍼스 포터가 처음 발간한 대중과학 잡지다. 주요 독자는 일반인이지만 꽤 전문적인 내용이 담겨 있다. 팔케는 이 잡지의 독일어판을 읽으며 자랐다. "입자물리학과 천체물리학에 매혹되었어요. 항상 호기심이 아주 많았고요."

기계가!

팔케의 관심을 사로잡은 건 기계만이 아니었다. 그는 삶, 실존, 시간의 본질 같은 깊고 큰 질문에 흥미를 느꼈다.

특히 한 가지 질문 때문에 수많은 밤을 지새워야 했다.

"저는 '하늘'에 대해서, 그게 뭘 의미하는지 생각했어요. 늘 궁금했어요. 하늘 다음에는 뭐가 있을까? 그리고 하늘 다음에 무언가 있다면 그다음에는 또 뭐가 있을까? '무한'이라는 개념을 파악하려던 거였지요. 무한대를 이해하는 데 온 정신이 다 팔렸어요."

독실한 가톨릭 가정에서 자란 팔케는 신에 대해서도 궁금증을 가졌다. "다행스럽게도 질문을 받아 주는 분위기에서 컸어요." 그는 성경을 읽으며 무수한 질문을 해대던 어린 시절을 떠올렸다. 언제나 신의 본질, 무한의 본질에 대한 질문이었다.

이러한 질문의 답을 찾다 보니 과학, 그중에서도 천문학 분야에서 일하게 되었다.

스페인 피코 벨레타에 있는 유럽 국제전파천문학연구소(IRAM)의 30미터 망원경 앞에 선 하이노 팔케. (사진 출처: 하이노 팔케)

팔케는 박사 학위를 받을 때 100미터 크기의 전파망원경으로 작업했다. 거대한 기계였다. 처음 기계의 버튼을 누를 때 쓰레기 차를 구경하던 어린 시절을 떠올렸다고 한다.

"망원경의 버튼을 눌렀더니 기계가 움직이기 시작하는데, 쓰레기 차 운전사가 된 것 같았어요!"

두 과학자가 만나다

돌먼과 팔케는 2013년 뉴멕시코주 샌타페이에서 열린 천문학회에서 만났다. 학회 주제는 한 가지에 초점이 맞춰졌다. 바로 '은하의 중심'이었다.

당시 돌먼은 우주에서 가장 어두운 부분인 블랙홀을 들여다보는데 사용할 망원경을 세우기 위해 힘쓰고 있었다. 그래서 세계 각지에서 사람을 구하며 자신을 도와줄 팀을 짜고 있었다.

팔케의 생각도 돌먼의 생각과 아주 많이 비슷했다. 전파망원경을 연결하면 블랙홀을 겨냥할 수 있으리라. 무엇보다 아인슈타인의 이론을 시험해 볼 수 있는 굉장한 기회였다. 팔케는 그 지점에 흥분했다.

두 사람은 필요한 과정을 차근차근 밟아가고 있었다. 그들에게 필요한 기술이 모두 존재하지는 않았다. 하지만 돌먼은 늘 그랬듯이 확신을 품었다. 역사가 가리키는 방향이 옳다면, 기술은 계속해서 발전할 것이었다. 또한 기술적 문제를 해결하기 위해 연구진이 전력을 다하고 있었다. 게다가 돌먼이 이룬 획기적인 연구 결과가 미디어와 학술 저널을 통해 세상에 널리 알려지기 시작했다.

팔케의 학문적 업적, 꾸준한 진보, 계속되는 논문 발표, 라드바우드 대학교 내의 지위 또한 높은 학문적 명성을 가져다주었다. 천문학 세계와 문화에서는 이런 점이 몹시 중요했다.

우주정복노트

은하의 종류는 어떻게 나눌 수 있을까?

1936년 천문학자 에드윈 허블(허블 망원경은 이 사람 이름을 딴 것이다)은 종류별로 은하를 구분했다. 분류 기준은 은하의 모양과 크기였다.

타원 은하: 타원형으로 생겼다. 우리가 알고 있는 우주에서 제일 큰 은하 여러 개가 이 유형에 포함된다. 1조 개가 넘는 별로 이루어진 은하도 있다!

나선 은하: 지구가 포함된 우리은하가 바로 나선 은하다. 바람개비처럼 생겼는데, 볼록한 중심부 주위로 나선형 팔이 소용돌이친다. 세부 그룹으로 막대 나선 은하 모양도 있는데, 이 은하도 나선 팔은 있으나 볼록한 중심부가 빛나는 막대기 한가운데에 고정되어 있다. 그래서 S자 형태가 된다.

렌즈형 은하: 렌즈처럼 생긴 은하다. 동글납작한 원반형이다.

불규칙 은하: 특이하게 생겼거나 명확한 형태가 없는 은하를 모두 포함해서 부르는 이름이다.

돌먼은 세계 최대 전파망원경 ALMA Atacama Large Millimeter/submillimeter Array를 개조하느라 이미 여러 해를 보냈지만 그렇다고 해서 망원경 사용 시간을 보장받을 수는 없었다. ALMA는 세상에서 제일 중요한 전파망원경 가운데 하나로서, 칠레 안데스산맥에서도 수증기가 적은 고원지대 위쪽에 자리 잡고 있다. 이 망원경에는 안테나가 66개나 있어서 훨씬 더 세부적인 이미지를 촬영할 수 있다. 즉, 블랙홀 이미지를 얻는 데 필수적이었다. "왕관의 보석처럼, 제일 중요한 게 ALMA예요. ALMA의 유효 크기는 대략 90미터랍니다. 엄청나지요." 최적의 장소에 놓인 최대 배열이었다. 돌먼이 추진하던 사건 지평선 망원경Event Horizon Telescope, EHT 프로젝트를 위해서는 ALMA가 필요했다. "블랙홀 관측을 위한 지구상 최적의 장소랍니다."

그러나 ALMA는 경쟁이 아니라 협력을 통해 만들어진 망원경이다. ALMA의 특징은 세계적인 협력 정신이다. 만약 팔케와 그의 유럽 연구진이 EHT에 합류하면 세계적 협력을 위해 얼마나 애쓰고 있는지 보여 줄 수 있었다. 게다가 그들의 참여로 ALMA를 이용한 관측은 한결 수월해질 것이다. 길은 분명했다. 보이지 않는 것을 보려면 두 팀이 협력해야만 했다.

돌먼은 블랙홀 촬영을 위한 남다른 이력을 밟아왔다. 그는 망원경 작업을 하고 싶어 했고 지구 크기의 망원경을 만들고 싶어 했다. 그 한 가지에만 치중했다. 커리어를 온통 그 한 가지에 걸었다. 그는 세상에서 잘나가지 않아도, 아웃사이더가 되어도 괜찮았다. 자신이 세운 목표 달성에만 몰두했다. 그러기 위해서 연구진을 꾸리던 중이었다.

두 팀의 연구는 그 어느 쪽도 비밀이 아니었다. 과학 세계에서는 당연했다. 과학 기자들이 두 팀을 모두 기사로 다뤘다. 이들의 아이

칠레 안데스산맥 차난토르고원 위에 있는 ALMA의 안테나. (사진 출처: ESO/C. Malin)

디어가 이제 다음 단계로 빨리 넘어가야 할 때가 되었다. 그러려면 먼저 결정부터 내려야 했다.

당면한 문제들을 힘을 합쳐 같이 해결해 나갈까? 아니면 서로를 상대로 경쟁해서 1등 팀이 모든 영예를 차지할까? 아니면 아무도 ALMA를 쓸 수 없을 테니 기회를 그저 다 놓쳐 버릴까?

사실 두 팀은 서로가 필요했다. 팔케는 전문 지식이 있었고 후원자를 데려올 수도 있었다. 게다가 팀에 세계적인 성격을 보태 줄 수 있었다. 돌먼의 팀은 풍부한 경험을 제공할 수 있었다. 그들은 이미

기술적인 문제들을 추적해 왔고 작업을 감당할 수 있는 기구를 제작해 봤기 때문이다. 두 팀 모두 전문 기술과 리더십 자질까지 갖추고 있었다. 보통 사람들 눈에 절대 불가능해 보이는 작업을 완수하려면 가능한 한 많은 이점을 확보해야 했다. 간단히 말해서 세상 사람 모두 블랙홀을 보려면 세상 사람 모두가 협력해야 했다.

팔케와 그가 이끄는 뛰어난 연구진은 돌먼의 사건 지평선 망원경 프로젝트에 합류하기로 결정했다.

돌먼은 "우리는 같은 비전으로 단일화를 이뤘고 그 단일화가 얼마나 중요한 일인지 잘 알고 있었어요"라고 말했다.

팔케도 말했다. "답이 열려 있는 문제만큼 흥미로운 건 없으니까요."

이제 답을 찾아낼 시간이 되었다.

연구진을 만나자 ❶

EHT 프로젝트에는 300명이 넘는 사람들이 참여했다.
그중 몇 명을 만나 보자!

로라 버탓스키치 Laura Vertatschitsch
뛰어난 전기설계 엔지니어이자 숙련된 레이더 시스템 전문가다. EHT에서는 블랙홀을 관측하는 동안 사용할 디지털 레코더를 만들었다. 자신이 작곡한 노래를 불러서 팀원들의 감탄을 사기도 했는데, 그 노래는 블랙홀에게 바치는 사랑 노래였다!

조너선 와인트랍 Jonathan Weintroub
원래 남아프리카 출신으로, 돌먼이 이끄는 EHT 프로젝트에 최초로 합류한 전파천문학자다. 하버드 스미스소니언 천체물리학센터Harvard-Smithsonian Center for Astrophysics 소속으로, 자신의 전문성을 발휘해 많은 일을 해냈다. 망원경 여러 대가 제각기 관측한 내용을 통합할 때 필요한 기구인 상관기correlator를 제작한 것도 그가 한 일이다.

라메시 나라얀 Ramesh Narayan
하버드 스미스소니언 천체물리학센터에 소속된 박식한 연구원이다. 핵심 연구 분야는 블랙홀의 먹이다!

페리알 오젤 Feryal Ozel
터키 이스탄불에서 태어났다. 애리조나 대학교의 천문학자이며 컴퓨터 시뮬레이션으로 최적의 관측 기간을 결정하는 데 중요한 역할을 했다.

06

연구를 하려면 돈이 필요해

“커다란 모험이었다.
실패의 위험은 대단히 컸다.
하지만 그만큼 보상도 클 것이다.
과연 이 프로젝트에 연구비를 대줄
사람이나 단체가 있을까?”

연구 자금을 모으자

만약 큰 과학 프로젝트, 그러니까 과학 박람회에서 수상할 만큼 중요한 프로젝트를 시작한다면, 생각보다 비용이 좀 들 것이다. 어찌 되었건 실험과 전시와 발표를 하려면 재료를 사야 하기 때문이다. 그렇다면 엄청난 규모의 과학 프로젝트는 어떨까. 당연히 큰돈이 필요하다.

망원경 몇 대는 새로운 장치를 달아야 했다. 업그레이드도 해야 했다. 게다가 극한 기후 지역에 설치된 망원경이 많았고, 그곳까지 가는 교통비도 비쌌다. 더 많은 과학자, 연구원, 엔지니어, 보조 연구원을 고용해야 했다. 망원경 사용 시간도 늘려야 했다. 초특급으로 정밀하게 시간을 맞추려면 중력이나 온도에 영향을 받지 않는 원자시계도 필요했다. 물론 사무용품과 음식 등 기본 경

우주정복노트

연구 자금은 얼마나 필요할까?

중력파gravitational waves 검출을 성공한 LIGO 프로젝트는 노벨상을 받았다. 그런데 이 프로젝트에 붙은 가격표 역시 상당했다. 무려 1조 3,000억 원이 넘었다. 아주 선명한 우주 사진을 찍어 유명해진 허블 망원경에도 11조 6,000억 원이 넘는 비용이 들었다.

비는 당연히 필요했다. 목록은 점점 길어졌고, 그만큼 비용도 커졌다.

총 가격표는 한국 돈으로 700억 원이 넘는다. 큰돈이었다. 과학계에서 벌어지는 내기 치고 엄청난 돈은 아니라고 할 수도 있다. 하지만 돌먼과 연구진이 감당할 수 있는 액수보다 절대적으로 많았다.

돈이 없다면 블랙홀 추적도 없다. 자금이 없다면, 실제로 쓸 돈이 없다면, 블랙홀을 촬영하겠다는 꿈을 실현할 수 없다. 돌먼도 잘 알고 있었다.

그렇다고 동네 은행에 들어가서 돈을 좀 달라고 청할 수도 없는 노릇이었다. 그들은 지원금을 신청해야 했다. 해결하려는 문제가 어떤 것인지 알리고, 어떻게 해결할 것인지, 돈은 어디에 쓰일 것인지, 이 일이 과학계에 어떤 영향을 미칠 것인지 자세하고도 완벽하게 설명해야 했다. 사람들이 프로젝트에 대해 무엇을 물어볼지 낱낱이 생각해 보고 분명한 답을 준비해야 했다. 그렇게 작성한 지원서를 실력 있는 전문가들이 꼼꼼하게 검토했다. 그리고 드디어 결정이 났다.

실험하려면 수백억이 필요한데 실험 성공은 보장할 수 없었다. 그 많은 돈을 다 쓰고도 실패할 수 있었다. 커다란 모험이었다. 하지만 엄청나게 큰 보상을 과학계와 인류에게 안겨 줄 수도 있었다. 이런 프로젝트에 돈을 대줄 사람이나 단체가 있을까?

적은 규모의 지원금은 이미 여러 곳에서 받았다. 예를 들면 고든 앤 베티 무어 재단Gordon and Betty Moore Foundation이라든가 스미스소니언 천체물리학 관측소, MIT 등이 지원해 주었다. 그렇지만 여전히 큰 돈이 필요했다.

돌먼은 미국 국립과학재단National Science Foundation, NSF으로 가서 약 82억 원의 지원금을 신청했다. NSF는 정부 기금으로 운영되는 기관으로, 세계에서 가장 큰 규모의 연구 프로젝트를 검토해서 지원한다. 기술을 혁신하고 새로운 지평을 열 수 있는 프로젝트라면 모험적인 것도 지원한다. 실패의 위험은 대단히 컸다. 하지만 그 보상도 대단히 컸다.

블랙홀 사진을 찍으면 세상의 이목을 집중시킬 뿐 아니라 그 자체가 블랙홀의 결정적인 증거가 될 수 있다. 보면 믿을 수밖에 없는 불 보듯 뻔한 그런 종류의 증거 말이다.

NSF가 프로젝트를 후원한다면 커다란 힘이 될 것이다. 하지만 과학적으로 풀어내기 몹시 어려운 프로젝트였으니 지원금을 받는 일이 쉽지는 않으리라. NSF 이사장 프랜스 코르도바France Cordova 박사가 그 이유를 설명했다. "혼자는 절대 안 되는 일이에요. 세력이 너무 커서 사람들이 난타해 대거든요." 코르도바는 한술 더 떠서, 국회나 백악관이든 아니면 부정적인 의견을 가진 대중이든, 걸림돌은 언제든 느닷없이 나타날 수 있고 또 어찌 보면 나타나는 게 당연하다고까지 덧붙였다.

과학자의 책꽂이

캐럴린 킨, 낸시 드루Nancy Drew 시리즈

전 세계 45개 언어로 번역되고 8,000만 부 이상 팔린 유명한 소녀 탐정 시리즈로서, 이 책의 주인공 낸시 드루는 십대 아마추어 탐정이다. 코르도바가 어린 시절에 제일 좋아했던 책이다. 코르도바는 이 책에 대해 이렇게 말했다. "누가 내게 커서 뭐가 되고 싶냐고 물어봤다면 탐정이라고 대답했을 거예요. 미스터리물에 푹 빠져 지냈는데, 지금 생각하면 과학이야말로 미스터리로 가득해요. 그러니 사실 난 탐정이 되었다고 생각해요."

"하지만 우리 조직에서는 이렇게 말해 주지요. '그만 하세요, 우리는 이 사람들을 믿어요. 아주 분명한 근거를 갖고 일하는 사람들이에요.' 우리가 검토하고 또 검토했으니까요."

질문 있나요?

어떤 물체를 투명하게 만들 수 있을까? 지구에 살았던 상어 가운데 가장 거대했으리라고 여겨지는 메갈로돈은 실제로 얼마나 컸을까? 시공간의 주름을 관측할 수 있을까? 태양의 표면은 대체 어떻게 생겼을까? 빅뱅의 증거가 있을까? 인간이 탐사한 바다가 80퍼센트에 불과하다면 탐사하지 못한 깊은 곳에는 대체 뭐가 있을까?

이런 질문에 대한 답을 찾으려면 돈이 필요하다. 역사의 획을 그을 과학 업적을 이루려면 여행 경비, 숙련된 과학자, 비품, 실험실, 기구와 보조 연구원 등에 값을 치러야 하니까. 그럴 때 필요한 돈과 도움을 주는 일이 바로 NSF에서 가장 열정을 기울이는 대목이다. NSF는 1950년에 출범했다. 과학 전 분야에 걸쳐 앞서가자는 미국 의회의 바람을 담은 결정이었다. 수천억에 이르는 예산을 가진 NSF는 과학자들에게 다양한 프로젝트 제안서를 받은 뒤 과연 어떤 연구에 기금을 주는 것이 좋을지 결정한다. 기준은 어떤 프로젝트가 미국의 과학 연구를 발전시키는가다.

과연, 물체를 투명하게 만드는 게 가능한 일인가? 그렇다! NSF의 지원금을 받은 과학자들이 이를 실험실에서 성공시켰고 현재는 이 근사한 기술을 어디에 쓸 수 있을지 조사 중이다. 아직 연구는 초기 단계지만 얼마 지나지 않아 투명 망토가 생산될지도 모른다!

그렇다면, 바다 탐사는 어떤가? '앨빈'을 보자! 앨빈은 수심 약 4,500미터 깊이까지 살필 수 있는 심해 잠수정 이름이다. 인간 조종사가 앨빈을 조종해 바다 밑바닥 3분의 2를 탐사했다. 그렇게 해서 심해 열수 분출공hydrothermal vent(바다 밑 지하에서 뜨거운 물이 솟아 나오는 구멍, 생명 기원의 비밀을 밝혀 줄 열쇠라고 여겨진다_옮긴이)을 찾아냈다!

고대 상어의 크기를 판단할 수 있을까? 360만 년 전에 살았는데? 물론이다! NSF 지원을 받은 고생물학자들이 상어 이빨 크기로 전신 크기를 정확히 맞출 수 있는 공식을 만들어 냈다. 놀랍게도 메갈로돈의 길이는 15미터나 되었다. 농구 코트 넓이만큼 컸다는 뜻이다!

태양 표면을 찍은 다음 사진도 보자. NSF 태양 망원경으로 찍은 모습이다. 예전에 찍은 어떤 사진보다 자세해서 태양의 날씨가 어떤지, 또는 태양에서 벌어지는 일이 지구 생명체 삶에 어떤 영향을 미칠지 알아내는 데 유용하게 쓸 수 있다. 이 연구의 목표는 우리 고향 별 지구에 대한 지식을 확장하는 것이다!

사진만 봐도 부글거리는 플라스마가 태양 표면을 뒤덮고 있다는 사실을 알 수 있다. 옥수수 알갱이처럼 생긴 작은 세포 하나 하나가 사실은 텍사스주(대한민국 면적의 7배_옮긴이)만 한 크기다. 이런 사진을 근거로 과학자들이 우주의 기후를 예측할 수 있을까? 그 해답을 찾는 것이 바로 이 프로젝트의 목표다!

이상, NSF가 지원하는 몇 가지 연구 주제와 질문을 알아봤다.

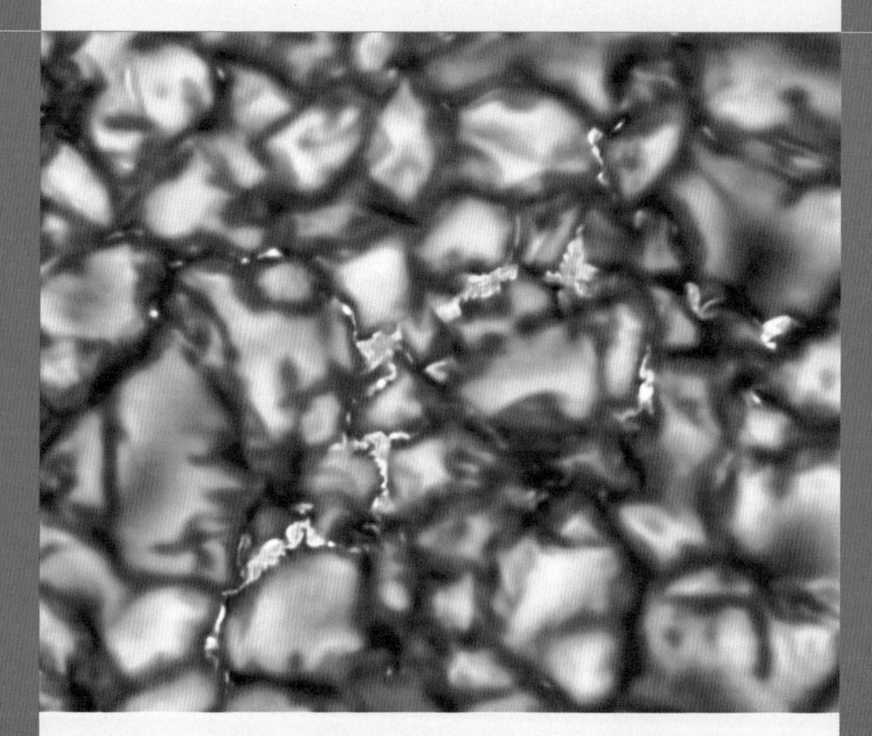

NSF가 하와이에 설치한 '대니얼 K. 이노우에 태양 망원경(DKIST)'이 역대 최고 해상도로 찍은 태양 표면의 이미지. 789나노미터로 찍은 이 사진 덕에 크기가 30킬로미터 정도밖에 안 되는 이 작은 구조물을 사상 최초로 보게 되었다. 이미지를 보면, 격렬하게 끓고 있는 가스가 태양 전체를 덮고 있다. 세포처럼 보이는 구조물은 태양 내부의 열이 표면으로 이동하느라 격렬하게 요동친다는 징표다. (사진 출처: NSO/AURA/NSF)

07

가장 높은 산을 오르는 길

“마침내 기술적 마무리가 이루어졌다.
망원경이 모두 제대로 연결되었고
마치 한 대처럼 움직였다.
블랙홀 이미지를 잡아낼 모든 준비가 끝난 것이다.”

문제는 지구 대기층이다. 물이 많아서다. 우리 생명을 유지할 수 있게 해주는 바로 그 물이 전파천문학자들에게는 눈엣가시다. 물이 순환되는 과정의 하나로 하늘에 가득 차 있는 수증기 때문이다. 수증기는 지상에 설치된 안테나 접시에 마이크로파가 닿기도 전에 먼저 흡수해서 흩트려 버리는 만행을 저지른다.

그러니 수증기의 영향을 최소로 줄이고 광선을 최대한 많이 잡으려면 공기가 희박해서 수증기가 문제되지 않는 곳, 즉 고도가 높은 지점에 전파망원경을 설치해야 한다. 그 말은 망원경에 가려면 외딴곳까지 가서 높은 산을 오른 뒤에도 또 다른 가혹한 환경으로 들어가야 한다는 뜻이다.

EHT팀은 망원경 네트워크를 전 세계 여덟 군데 망원경 현장으로 확장했다. 스페인, 멕시코, 애리조나, 하와이(2), 칠레(2), 남극의 관측소가 포함되었다. 이들 여덟 개 현장의 고도는 해발 2.1킬로미터에서 4.9킬로미터 사이였다. 공기 밀도가 낮고 수증기가 적어서 완벽한 장소였다.

“1만 킬로미터 정도 떨어져 있는 망원경들을 연결하는 작업입니다.” 돌먼은 스미스소니언에서 파견된 다큐멘터리 제작진에게 말했다. 진정으로 혁신적인 기술이 필요한 작업이었다. VLBI는 한번도 이런 식으로, 이런 규모와 이런 목적으로 사용된 적이 없었다. 제대로 해내려면 상상도 못 할 만큼 정확하게 타이밍을 맞춰야 했다. 그러지 않으면 뒤죽박죽 무의미한 데이터 범벅이 될 뿐이었다. 망원경들은 완벽하게 하나가 되어야 했다. 절대적으로 그래야 했다.

망원경을 연결하려면 망원경이 설치된 지역마다 연구진이 돌아다녀야 했다. 체력적으로 쉬운 일이 아니었다. 하지만 그렇게 해야 과학자들이 블랙홀을 보는 데 필요한 해상도, 그러니까 달 표면에 놓인 오렌지 사진을 찍을 때 필요한 정도의 해상도를 얻을 수 있을 것이었다. 다르게 표현하자면, 뉴욕 엠파이어스테이트 빌딩에 올라가서 런던의 어느 카페 테이블에 놓여 있는 신문을 읽을 수 있는 정도의 해상도다!

그 어느 망원경도 EHT 프로젝트를 위해 제작된 것이 아니었다. 기존 기술을 한계까지 끌어올리기 위해서는 망원경을 개량해야 했다. 거울을 달아서 전파를 집중시킨 뒤 망원경 수신기 쪽으로 쏘아주도록 했다. 그들에게는 메이저 방식의 원자시계도 필요했다. 세상에서 가장 정확해서 오차가 1년에 1조분의 1초의 1만분의 1밖에 되지 않는 시계다. 이게 무슨 뜻이냐고? 초고도로 정밀한 시간 측정 장치라는 말이다!

남극, 멕시코, 칠레, 그리고 곳곳에서

EHT팀의 천체물리학자 댄 머로니Dan Marrone는 바깥 기온을 확인한 뒤 마음을 단단히 먹었다. 영하 57도였다. 그는 남극 망원경 현장에서 일했다. 남극은 가기까지도 몹시 힘든 곳이지만 현지 기후 조건을 들어 보면 웃음이 싹 가신다. 그래도 남극 망원경을 포함해야만 이미지 해상도를 두 배로 높일 수 있다.

남극 망원경South Pole Telescope, SPT은 원래 빅뱅 연구용으로 제작되었다. 그래서 머로니는 새 수신기를 설치해야 했다. 우주 물체가 어떤 종류의 빛이든 발사해서 지구까지 도달하면 망원경이 그 빛을 수집

2017년 1월 EHT 준비를 위해 도킹 위치에 들어간 남극 망원경. (사진 출처: 대니얼 미칼릭)

한다. 남극 망원경에 새로 단 거울이 빛을 수신한 뒤 원래 있던 거울에 초점을 맞추면, 원래 거울이 그 신호를 곧바로 새 수신기로 보내도록 만드는 일이었다. 수신기 설치를 마친 뒤 망원경을 테스트해서 모든 게 제대로 작동하는지 검토해야 했다. 설치부터 테스트까지 꼬박 50일이 걸렸다. 머로니는 하루도 쉬지 않고 그 일을 해냈다.

멕시코의 대형 밀리미터 망원경Large Millimeter Telescope, LMT도 EHT 프로젝트에 맞춰 쓰려면 디지털 장비를 새로 달아야 했다. 골치 아픈 일이었다. 메이저 방식의 원자시계 값만 약 4억가량 들었다. 게다가 제자리에 설치하려면 케이블에 묶어서 나선형 계단을 타고 위에 올려놓아야 했다.

과학자가 맞춤 제작한 수소 메이저 원자시계를 ALMA 상관기에 설치하고 있다. 사실상 '심장 이식' 작업이라고 할 수 있다. (사진 출처: 카를로스 파디야)

칠레 관측소는 ALMA라고 불리는데 안테나 66개가 배열되어 있었다. 우주 천체가 뿜어낸 빛이 이 66개의 안테나에 닿는 시각은 조금씩 다르다. 여러 명이 마당에 늘어서서 스프링클러 물살이 떨어지길 기다릴 때와 비슷하다고 생각하면 된다. 물줄기 아래 일렬로 서 있으면 모두 다 물살을 맞는다. 그러나 스프링클러 쪽에 더 가까운 사람에게 물이 먼저 떨어진다.

여기 배열된 안테나는 전부 슈퍼컴퓨터 한 대에 연결되어 있는데, 슈퍼컴퓨터는 각각의 신호를 맞추고 데이터를 상관시키는, 페이징phasing이라고 부르는 과정을 처리한다. 전 세계 전파망원경 가운데 ALMA가 제일 강력하다. ALMA의 배열은 극도로 예민해서 이곳을 EHT에 추가했다는 것은 해상도가 열 배 높아진다는 뜻이다. 그러나 이곳을 효과적으로 이용하려면 여러 가지 하드웨어와 소프트웨어를 새로 개발해야 했다. 개발해야 할 것 가운데 디지털 레코더도 있는데 관측 현장과 레코더의 위치는 25킬로미터나 떨어져 있었다. 그러니 그들은 광섬유 링크 시스템도 추가해야 했다.

이들의 작업에 꼭 필요한 요소가 또 있었으니, 바로 목표에 대한 절대적인 믿음과 그 과업을 이루어 낼 방법에 대한 비전이었다. 이 필수 요소는 돌먼이 전파했다. 2011년 돌먼이 처음으로 글로벌 망원경 네트워크를 생각해 냈던 오래전 그 시점으로 거슬러 가보자. 돌먼은 그때 이미 블랙홀 사진을 찍는 데 ALMA가 얼마나 결정적인 역할을 할지 알고 있었다. 그래서 NSF로 가서 지원금을 신청했

ALMA가 자리 잡은 차난토르고원 위에서 찍은 항공 사진.
접시 수십 개가 고원 위에 펼쳐져 있고 검은 그림자가 붉은 모래 위로 길게 드리워져 있다.
이미지 한복판에 아타카마 소형 집합체Atacama Compact Array가 밀집된 모습이 보인다.
(사진 출처: ALMA (ESO/NAOJ/NRAO), A. Marinkovic/X-Cam)

다. 5년이라는 세월이 흐른 2016년, ALMA의 보정 작업이 완료되었다. 가장 적절한 시간에!

마침내 그들은 이 배열에 프로그램을 짜 넣어 서브밀리미터 빛 스펙트럼을 관측하는 VLBI 실험을 할 수 있게 되었다. EHT팀이 시스템 전체 연결법을 알아냈을 때 본인들만 목표에 한 걸음 다가선 게 아니었다. 천체의 다른 미스터리를 연구하는 과학자들 역시 VLBI를 쓸 수 있게 되었으니 더욱 큰 과학자 공동체에 도움을 주게 된 것이다! 정말 신나는 일이었다.

연구진은 망원경을 한 대 한 대 연결해 블랙홀 안쪽의 고리를 식별할 만큼 충분히 민감한 네트워크를 구축했다. 마침내 기술적 마무리가 이루어졌다. 그들은 각 현장에서 테스트를 진행했고, 제대로 작동했다. 망원경이 모두 잘 연결되었고 마치 한 대처럼 움직였다. 블랙홀 이미지를 잡아낼 모든 준비가 끝난 것이다.

망원경 투어 ❶

남극 망원경
SPT

위치 남극대륙
고도 약 2,835미터

SPT 위에 드리워진 남극 오로라. (사진 출처: 조슈아 몽고메리)

서브밀리미터 배열

SMA Submillimeter Array

위치 하와이 마우나케아

고도 약 4,080미터

서브밀리미터 배열의 안테나 8대 모두 야간 관측 중이다. (사진 출처: 니메시 파텔)

아타카마 대형 밀리미터/서브밀리미터 집합체

ALMA

위치 칠레 아타카마 사막

고도 약 4,999미터

해 뜰 무렵 눈 덮인 차난토르고원과 ALMA. (사진 출처: NAOJ/NRAO/ESO)

아타카마 패스파인더 익스페리먼트

APEX Atacama Pathfinder Experiment

위치 칠레 아타카마 사막

고도 약 5,182미터

APEX가 위치한 칠레 아타카마 사막의 석양. (사진 출처: 스벤 돈부시)

08

같이 눈사람 만들지 않을래?

“인간 눈으로 보는 대부분은 사실
전체 그림의 지극히 일부다.
또 뭐가 있을까?
보우만은 나머지 이야기를 찾아내는 데
흥미를 느꼈다.”

과학에 흠뻑 빠진 아이

과학을 좋아하는 5학년 학생 케이티 보우만Katie Bouman은 자신의 실험 프로젝트 앞에 서 있었다. 블랙홀과는 전혀 상관없는 실험이었다. 실험의 핵심은 빵이었다. 특히, "이스트, 소금, 설탕 등 첨가물의 배합에 따라 달라지는 빵의 부풀기와 맛"이었다.

보우만은 자기 실험에 대해 샅샅이 다 알고 있었다. 어떤 질문도 자신 있었고 과정에 대해 상세하게 설명할 준비도 모두 갖췄다. 무슨 일이 닥쳐도 다 막을 수 있었다는 말이다.

"저는 언제나 종이에 적는 숙제보다 프로젝트가 더 좋았어요."

그러니 과학 경진 대회 현장에 서 있던 보우만은 몹시 신이 나 있었다.

보우만은 자신이 과학에 관련된 일이라면 무엇이든 좋아한다는 걸 알았다. 질문을 찾아가는 과정도, 그에 대한 해답이나 더 많은 질문을 찾아낼 때까지 탐구하는 과정도 좋았다. 그런데 '좋다'라는 단어가 딱 맞는 표현은 아니었다. '헌신, 열정, 매료' 이 모든 단어를 하나로 합쳐야 했다.

처음으로 과학 경진 대회에 나갔을 때 보우만은 고작 5학년이었다. 하지만 그때 과학이라는 여정에 첫발을 디딘 순간임을 알았다고 한다. 보우만은 '퍼듀 과학 경진 대회'에 자신의 실험을 발표할 기회를 얻었고 해당 부문에서 금메달을 받았다.

"발표를 끝내고 나니 마치 세상을 다 가진 기분이었어요."

9학년 때는 지문 분석에 관심이 쏠렸다. "지문 사진을 계속해서 찍다 보니 방법을 터득하게 되었어요. 지문 패턴을 이용해서 사람들 사이에 유전적 유사성이 있는지 판단할 수 있는 방법을요."

10학년이 되자 자신만의 연구를 하고 싶다는 생각이 들었다. 그래서 직접 퍼듀 대학교Purdue University에 연락했다. 사람들이 색깔을 인식하는 방법을 연구하던 어떤 교수와 같이 연구하고 싶다는 의사를 밝힌 것이다. 보우만은 내가 보는 파란색과 나와 제일 친한 친구가 보는 파란색 사이에 차이가 있는지 알고 싶었다. 나와 내 친구는 같은 색을 볼까 아니면 각각 다른 두 가지 색깔을 볼까? 우리가 색을 익히고 색에 이름을 붙이는 방식이 우리가 파란색 · 빨간색 · 초록색이라고 표현하는 것에 영향을 미칠까? 연구의 핵심은 두뇌가 색에 대한 데이터를 두고 어떻게 작용하는가, 그리고 그 데이터를 어떻게 해석해서 색을 표현하는가였다.

이 연구로 새로운 사고와 새로운 도구를 요구하는 과학적 문제 해결 방식에 대한 보우만의 관심이 깊어졌다. 또한 과학 기술을 이용해 일반적인 사진 방법으로 재현하기 힘든 대상을 재구성하는 '이미징imaging'에 대한 그녀의 관심도 확고해졌다. 정답을 찾기 위해 이미징을 어떻게 사용할까? 비디오와 이미지 작업으로 실험실에서 꽤나 오랜 시간을 보냈는데, 그게 오히려 그녀의 호기심에 부채질을 했다.

9학년 때 과학 경진 대회에 참여한 케이티 보우만.
(사진 출처: 케이티 보우만)

몇 년 뒤 보우만은 박사 과정을 밟았다. 연구 분야는 이미징이었다. 사람들이 물질적인 특성을 보고 이해할 때 두뇌가 어떻게 작동하는지 알고 싶었다. "예를 들어 당신 앞에 한 여자가 있는데 그 여자가 당신 쪽으로 걸어오고 있어요. 여자는 드레스를 입었어요. 그 드레스가 바람에 흔들리는 모습을 봤다면 당신은 드레스 옷감이 코듀로이인지 실크인지 알겠죠. 그 물질의 특성을 어느 정도 알게 되는 거예요."

옷감이 움직이면 사람들이 대체로 그 차이를 알아차린다는 사실이 너무 흥미로웠다. 하지만 진동처럼 사람들이 볼 수 없거나 알아차리지 못하는 다른 정보가 있다면 어떨까? 이 질문이 보우만의 호기심을 자극했다. 이미징을 이용해서 사람들이 보지 못하거나 볼 수 없는 정보를 더 많이 준다면?

집 안을 걸어 다닌다고 생각해 보자. 여러분은 벽과 바닥재, 벽에 걸린 그림의 색깔을 알아볼 것이다. 그런데 소방관이 집에 불이 났나 보러 출동했다면 아마 열감지용 특수 카메라를 사용할 것이다. 그 카메라는 벽 색깔에는 전혀 관심이 없다. 열만 이미지로 잡는다. 손을 뻗어 벽을 만지면, 손바닥이 남긴 열이 이미지로 보일 것이다! 이런 특수 카메라를 이용해서 소방수들은 벽 뒤에서 검은 연기를 뿜고 있는 불길을 찾아내고 집이 홀랑 타기 전에 싹을 잘라 버린다.

이처럼 인간 눈으로 보는 대부분은 사실 전체 그림의 지극히 일부다. 보우만은 숨어 있는 나머지 이야기를 찾아내는 데 흥미를 느꼈다. 또 뭐가 있을까? 사람 눈에서 비켜나 있는 어떤 것이 자기를 찾아 주기를 기다리고 있을까?

블랙홀 탐정단에 합류하다

그러던 2014년의 어느 날이었다. 보우만은 돌먼이 EHT 프로젝트를 설명하는 말을 듣고 자기도 도울 일이 있음을 알았다. 보우만이 천체물리학자는 아니었지만 EHT 프로젝트에는 이미징이 반드시 필요했다. 그것도 단순한 이미징이 아니라 컴퓨터 작업을 이용한 독특한 방식의 이미징이었다.

"처음에는 그저 재미있겠다고만 생각했어요. 관심 있는 여러 분야를 한꺼번에 불러 모으는 일이니까요. 더구나 블랙홀 연구보다 근사한 일이 또 뭐가 있겠어요?" 보우만은 돌먼을 포함해 팀의 멤버들과 이야기를 나눴다. 그리고 EHT 프로젝트용 수학과 알고리즘을 만들려면 훨씬 더 큰 팀이 필요하다는 사실을 깨달았다. 블랙홀을 관측하고 그 이미지를 얻으려면 수학자와 엔지니어, 천문학자가 모두 있어야 했다. 각기 다른 분야의 전문가들이 하나의 문제를 해결하기 위해 전 세계에서 모여들고 있었다. 얼마나 독특하고 흥미로운 기회인가.

물론 어렵기도 했을 것이다. 그들은 지금까지 누구도 하지 않았던, 시도조차 하지 않았던 일을 하려는 참 아닌가.

보우만과 동료들은 전파망원경에서 얻은 EHT 데이터를 어떻게 이미지로 바꿀 것인지 고민했다. 방법을 찾아내야 했다. 인류에게 사상 최초로 블랙홀을 직접 보여 주게 될 진짜 이미지 말이다. 그래

APEX LMT 망원경 앞에 앉아 있는 케이티 보우만. (사진 출처: 케이티 보우만)

서 그들은 합성 데이터를 가지고 연습했다. 그들 모두가 같은 데이터 세트를 받는다면, 그런데 그게 정체를 모를 미스터리한 모양의 데이터 세트라면, 그들이 만든 알고리즘을 이용해서 모두 동일한 이미지를 만들어 낼 수 있을까? 개인차가 작업에 영향을 주지는 않을까? 그들은 다양한 방식을 시도했다. 그러다가 마침내 눈가림 데이터blind data를 활용했는데도 각각의 팀이 같은 결과를 만들어 냈다. '눈사람' 모양이었다.

보우만과 팀원들은 흥분했다. 그들은 계획을 계속 다듬어 완벽해지도록 노력했다. 데이터가 한곳에 모였을 때 그들도 모든 준비를 끝내고 싶었다.

인터스텔라

'블랙홀'이라는 이름을 지었던 천체물리학자 휠러를 기억하는가? 교수였던 그에게는 킵 손Kip Thorn이라는 제자가 있다. 영화 〈인터스텔라〉에 나오는, 컴퓨터로 합성한 블랙홀 '가르강튀아'를 만든 사람이다. 손은 현재 캘리포니아 공과대학교 물리학과 명예교수다.

보우만이 연구진에 합류했던 2014년, 〈인터스텔라〉가 극장가를 강타했다. 보우만과 팀원들도 영화를 보러 갔다. 영화관에 늦게 도착하는 바람에 다 같이 앉을 수가 없었다. 어쨌든 보우만은 영화관으로 들어가 〈인터스텔라〉 속에서 매튜 매커너히가 벌이는 은하 간 여행을 구경했다. 실제로 블랙홀을 추적하는 대모험에 착수한 세계 정상급 전문가들과 함께였다.

"〈인터스텔라〉는 블랙홀이 어떤 것인지 고해상도 이미지로 충실하게 잘 보여 줬어요. 물론 예술적인 가감이 있었죠. 블랙홀 주변을 얇은 디스크로 묘사했잖아요. 우리가 예측하는 디스크는 살짝 통통한데 말이죠."

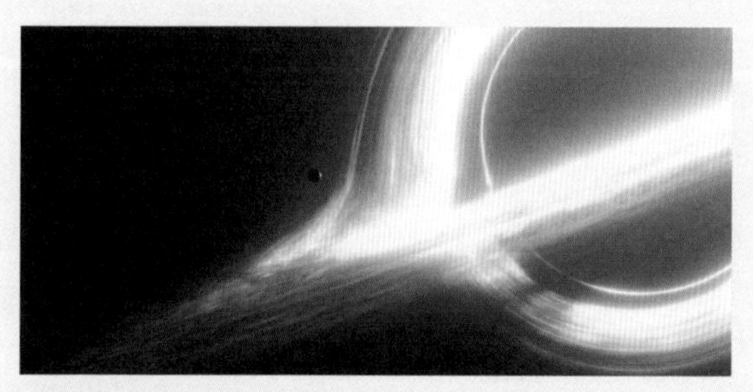

〈인터스텔라〉에 등장한 블랙홀 모습. 실제 모습보다 영화적 요소가 더해졌다. (사진 출처: 셔터스톡)

영화가 끝나고 불이 들어오자, 그녀는 천체물리학자 동료들이 영화를 어떻게 봤을지 궁금했다. 낱낱이 분석해서 틀린 대목을 죄다 지적하지는 않을까? "그렇게 영화관을 나오는데, 내 친구 마이클 존슨Michael Johnson의 반응이 기억나네요. 우리 쪽으로 오더니, 그저 "굉장한 영화야"라고만 하더라고요. 전 그 말이 정말 좋았어요. 진짜 재미있고 멋진 사람들이에요."

09

진행할 시간

"컴퓨터가 기록을 시작하기 직전,
팀원들은 큰 소리로 숫자를 셌다.
5! 4! 3! 2! 1!
마치 로켓을 발사할 때처럼
짜릿한 순간이었다."

마침내 때가 왔다

2017년 4월 4일, 마침내 때가 되었다. 숱한 계획과 개보수, 지원금 확보, 인맥 구축, 문제 해결을 한 끝에, 이 모든 일을 해낸 끝에, 실험을 단행할 때가 되었다.

돌먼이 열 대의 컴퓨터 중간에 앉아 업무를 시작했다. EHT 연구진이 전 세계 여덟 군데 관측소를 채우고 있었고 그동안 돌먼은 매사추세츠주 케임브리지의 블랙홀 이니셔티브 사령탑에서 중앙 지휘를 하고 있었다. 그는 웹캠, 채팅, 컨퍼런스 콜(여러 명이 동시에 접속해 이루어지는 전화 회의_옮긴이)을 통해 앞으로 닥칠 모든 문제를 해결하고 어떤 질문에도 대답할 채비를 갖췄다. 임시 사령탑은 작지만 효율적이었다.

한쪽 벽에는 전체 상황을 말해 줄 화이트보드가 있었다. 그 위에는 보드 마커로 그린 차트와 관측소 현장별로 필요한 내용을 담은 일종의 체크리스트가 붙어 있었다. 차트가 어떻게 채워질지가 앞으로 벌어질 모든 일의 핵심이 될 터였다. 컴퓨터가 제아무리 완벽하게 준비되었어도, 또 과학자들이 제아무리 명석해도, 날씨가 협조해 주지 않으면 지금까지의 모든 노력이 허사가 될 수도 있었다. 그런데 날씨는 완전히 통제를 벗어난 영역이었다.

관측할 수 있는 기간은 딱 열흘이었다. M87*과 궁수자리 A*을 보려고 한다면 딱 열흘만 가능하다는 뜻이다. 관측 가능한 날이 많

매사추세츠 케임브리지에 있는 블랙홀 이니셔티브 사령탑에서 관측하는 모습. 왼쪽부터 순서대로 리아 메데이로스, 셰퍼드 돌먼, 아키야마 가즈노리, 빈센트 피시, 짐 모런, 페리얄 오젤이다. (사진 출처: EHT)

으면 많을수록 그만큼 데이터를 많이 얻을 수 있다. 그러나 관측소 한 군데라도 문제가 생겨서 관측이 취소되는 날이 생기면, 그만큼 작업 가능한 데이터도 줄어들게 된다. 이미지를 만들려면 적어도 4일은 반드시 관측에 성공해야 한다. 물론, 망원경 자체도 완벽하게 작동해야 한다. 데이터 기록도 절대 실패하면 안 된다. 스트레스가 심했다.

보드 마커를 손에 든 돌먼은 준비를 마쳤다. 그리고 한 장소 한 장소 차례로 점검했다. 기술적 문제가 있나, 없나? 날씨 문제는 있나, 없나? 매일 미국 동부 시간으로 오후 4시에 돌먼이 지시를 내리

IRAM이 있는 스페인 피코 벨레타의 VLBI 팀원들. 왼쪽에서 순서대로 살바도르 산체스, 레베카 아줄레이, 이그나지오, 하이노 팔케, 토마스다. (사진 출처: 살바도르 산체스)

기로 했다. 진행 혹은 연기라고. 관측 시작은 다음 날부터였다. 팀원들은 모두 준비되었다.

2017년 4월 5일, 스페인 현장이 기술 점검과 기상 테스트를 마쳤다(팔케는 거기서 열흘을 보내며 식도락도 즐기고 있었다. 배고픈 과학자들을 먹이겠다고 동네 주민이 진수성찬을 차려 준 덕분이다). 칠레, 애리조나, 하와이, 멕시코 현장도 기술 점검과 기상 테스트를 마쳤다. 남극 현장은 기술 문제가 있어서 제외되었다. 하지만 다른 곳은 모두 통과했다. 돌먼이 전체 팀에게 메시지를 보냈다. "진행."

케임브리지에 있는 팀원들은 컴퓨터가 기록을 시작하기 직전 큰 목소리로 마지막 5초를 셌다. "5·4·3·2·1." 마치 로켓을 발사할 때처럼 짜릿한 순간이었다.

지구 자전에 맞추어 목표물 관측 순서를 정했던 대로 각 현장이 기록을 시작했다. 팔케가 스페인에서 그쪽 상황은 순조롭다고 보고했다. 그때 마침, 남극 기지의 기술적 문제가 해결된 듯했다. 모든 현장에서 관측할 수 있게 되었다.

2017년 4월 6일

기술 준비? 이상 없음! 날씨? 이상 없음! 잠깐! 멕시코의 관측소는 두 방면 모두 썩 좋지 않아 보였다. 전력이 들락날락했고 날씨가 좋지 않을 기미가 보였다. 상당 분량의 얼음덩이가 안테나 접시로 쏟아질 수도 있었다. 돌먼은 그날 하루 대부분을 오류 해결을 위해 팀원들에게 지시하는 데에 썼다. 정해진 오후 4시가 지났다. 40분 뒤 돌먼이 팀원들에게 메시지를 보냈다. 진행.

2017년 4월 7일

연기.

2017년 4월 8일

연기.

2017년 4월 9일

연기.

2017년 4월 10일

날씨 양호.

기술 양호.

진행!

2017년 4월 11일

날씨 양호.

기술 양호.

진행!

이제는 프로젝트의 연구진이 300명을 넘었다. 전 세계 20개국에 있는 대학교와 연구소를 비롯한 59개 기관 출신의 과학자, 수학자, 엔지니어 들로 구성된, 사뭇 뜻깊은 공동 연구였다. 시대적 배경을 보면 특히 대단하다. 당시 서부 아프리카에서는 에볼라바이러스 때문에 전염병이 돌았고, 우크라이나 크림반도에서는 전쟁이 일어났고, 이스라엘과 팔레스타인은 전쟁 직전 상태였으며, 홍콩에서는 저항 시위가 있었고, IS(장차 그 이름을 흔히 듣게 되는 신생 테러 집단)가 생겼고, 미국에서는 흑인을 가혹하게 다룬 경찰에 반발한 폭동 등이 있었다. 이 모든 상황 속에서도 연구진은 한마음으로 협동해

65시간이나 되는 관측 시간을 쌓았다. 인류가 우주를 더 잘 이해할 수 있도록 하기 위해서였다.

열흘째 마지막 날, 연구진은 총 4일 밤, 딱 필요한 만큼의 관측 시간을 얻었다. 모두 합치면 600만 기가바이트 분량의 데이터였다.

"모든 게 잘되었어요. 날씨도 완벽했지요." 팔케가 감탄했다. "그 어느 때보다 좋았어요. 지난 10년간의 경험 중에 최고였어요. 아마 앞으로 10년도 그때만큼 좋을 수는 없을 것 같네요. 전 세계 모든 현장에서 말입니다!"

돌먼에게는 커다란 원을 한 바퀴 돌아 다시 원점으로 온 것과 같

관측이 끝난 뒤 LMT에서 환호하는 모습. 왼쪽에서 오른쪽으로 안토니오 에르난데스, 세르지오 집, 에미르 모레노, 에드가르 카스티요, 고팔 나라야난, 케이티 보우만, 샌드라 부스타멘테다. (사진 출처: 아나 토레스 캄포스)

은 순간이었다. 개기일식을 보려고 기다리던 어린 시절이 떠올랐다. 때맞추어 구름이 갈라진 덕분에 평소 볼 수 없던 것을 보았다. 그런 일이 다시 일어났을까? 연구진은 볼 수 없던 것을 포착했을까? 과연 어떤 것이 모습을 드러낼까?

유럽 국제전파천문학 연구소 30미터 망원경
IRAM 30meter telescope

위치 스페인 피코 벨레타

고도 약 2,865미터

눈밭 위 IRAM 30미터 망원경이 달빛을 받고 있다. (사진 출처: IRAM, N. 빌리엇)

제임스 클러크 맥스웰 망원경

JCMT James Clerk Maxwell Telescope

위치 하와이 마우나케아

고도 약 4,084미터

JCMT가 커버를 덮은 채 야간 관측 중이다. (사진 출처: EAO, 윌리엄 몽고메리)

대형 밀리미터 망원경 알폰소 세라노

LMT Large Millimeter Telescope Alfonso Serrano

위치 멕시코 시에라 네그라(사화산 꼭대기)

고도 약 4,630미터

해 질 무렵 대형 밀리미터 망원경 '알폰소 세라노'가 50미터 반사 표면을 위로 향하고 있다. (사진 출처: INAOE 아카이브)

서브밀리미터 망원경

SMT Atacama Pathfinder Experiment

위치 애리조나 그레이엄산

고도 약 3,200미터

별이 반짝이는 밤하늘 아래 관측을 위해 문을 연 서브밀리미터 망원경.
(사진 출처: 데이브 하베이)

10

소음을 넘어서

“블랙홀은 과연 실제로 어떻게 생겼을까?
고리? 뒤죽박죽 덩어리? 희뿌연 얼룩?
연구진이 보고 싶은 건 이론이 아니라
망원경이 직접 잡아낸 블랙홀이었다.”

데이터는 무엇을 목격했을까

이제 망원경이 수집한 데이터를 헤이스택 천문대와 독일 본으로 보내서 확인할 차례였다.

그런데 남극대륙에서 데이터를 가져오려면 수개월이 걸린다. 그들이 수집한 데이터는 5페타바이트(1페타바이트는 약 1,126조 바이트다_옮긴이)라는 어마어마한 분량이어서 인터넷으로는 전송할 수 없었다. 얼마나 큰 데이터인지 언뜻 상상이 안 되겠지만 머로니의 다음 설명대로 생각하면 된다. "MP3플레이어로 음악을 듣는다고 했을 때 저 데이터를 다 들으려면 5,000년이 필요하다!" 머로니가 들어 준 또 다른 예가 있다. 그들이 수집한 데이터의 분량은 "4만 명이 평생 찍을 셀카 사진을 다 모은 것"과 같다고 했다.

그렇게 많은 분량의 데이터를 옮길 방법은 단 한 가지, 비행기 수송뿐이었다. 그러나 남극은 한겨울이었고 앞으로 5개월은 비행기가 안전하게 이착륙하기 힘들었다. 연구진이 나머지 데이터 처리를 가능한 한 빨리 시작한다 해도 남극 데이터가 오기 전까지는 전체 데이터의 연관성을 찾고 통합할 수가 없었다.

게다가 데이터 통합은 그저 시작에 불과했다. 기록되기는 했지만 의미 없는 무수한 소음에서 실제 신호만 가려내야 한다. 그런 다음 가려낸 데이터의 유효성을 전부 다시 검증해야 한다. 이 모든 과정을 거치고 나서야 이미징팀이 데이터 해석을 시작할 수 있다. 그러

2017년 4월 EHT 관측 마지막 데이터. 모듈마다 64테라바이트 용량의 하드디스크 8개가 들어 있다. (사진 출처: MIT 헤이스택 천문대)

니 이 프로젝트가 성공했는지 아닌지 답을 알고 싶은 사람들은 그저 기다려야 했다.

연구진은 궁수자리 A*과 M87* 둘 다 관측했는데 각각 다른 이유에서였다. 이미지를 구하기로 정한 것은 M87의 블랙홀이었다. 팔케가 기자들에게 설명했다. "궁수자리 A*의 문제는 M87*보다 1,000배 작다는 거예요. 거리가 1,000배 가깝기 때문에 그림자 크기는 같지만 속도가 1,000배 빨라요. 그러니 그 전파원에서 이미지를 얻는 건 마치 여덟 시간 동안 쉴 새 없이 쏘다니는 어린아이를 쫓아다니며 정지 화면을 찍겠다는 것과 같아요."

돌먼이 설명을 이어갔다. “사실상 이들 블랙홀로 여행을 떠나는 겁니다. M87*의 경우 5,500만 광년 떨어진 곳이지요. 우리는 도구를 만들고 알고리즘을 짜고 관측하면서 블랙홀에 생명을 불어넣어요. 실제로 어떻게 생겼는지 그 모습을 보여 달라고요. 그리고 돌아가서 모두에게 그 모습을 말해 줘야 합니다.” 과연 그 목표가 이루어졌을까? 이미 한 번 호되게 경험했듯이, 증거는 데이터에 있다.

비교적 가까이에 있는 관측소에서 얻은 데이터는 매사추세츠주 웨스트퍼드에 있는 헤이스택 천문대와 독일 본 두 곳으로 보내서 천문 관측에 특화된 슈퍼컴퓨터로 작업하도록 했다. 어떤 작업을 하냐고? 컴퓨터가 데이터를 통합하면서 쓸데없는 소음은 제거한 뒤 각각의 관측소에서 관측한 내용을 초 단위까지 맞춰 일치시켰다. 이 작업에 몇 달이 걸렸다.

데이터의 상관관계가 파악되면 데이터가 ‘목격’한 것이 무언지 알아내야 했다. 남극 데이터는 아직 오지 않았지만, 연구진은 지금 갖고 있는 것만 보고도 뭔가 건졌다는 확신이 들기 시작했다.

이제 궁금했다. 나머지 데이터가 들어오고 전체 데이터에서 블랙홀이 나오면, 블랙홀은 과연 실제로 어떻게 생겼을까? 고리? 뒤죽박죽 덩어리? 희부연 얼룩? 아무도 정확히 예측할 수 없었다. 물론 블랙홀이 어떻게 생겼을지에 대해서는 유명한 물리학자들이 수십 년간 발표해 왔다. 하지만 연구진이 보고 싶은 건 이론이 아니라 망원경이 직접 잡아낸 것이었다.

연구진을 만나자 ❷

야간 관측과 테스트는 과학자가 오랜 시간 근무해야 한다는 뜻이다. 극도로 바쁘다가 금방 죽은 듯 고요해질 때도 있다. 그런 시간을 보내기 위해 EHT 멤버들은 몇 가지 기발한 방법을 생각해 냈다.

그중 한 가지가 사진 콘테스트 개최였다. 연구진은 각자의 관측소에서 제일 멋진 장면을 꼽았다. 애리조나팀은 자기네 망원경 SMT뿐만 아니라 목성과 달을 함께 잡아냈다!

애리조나에서 작업한 연구진 중에 박사 과정을 밟고 있는 천문학자 새라 이사운 Sara Issaoun이 있다. 이사운은 여덟 살 때 처음으로 망원경을 잡아 보고는 두 눈으로 직접 우주 행성을 볼 수 있다는 생각에 크게 흥분했다고 한다.

SMT 접시 위 플랫폼에서 본 목성과 보름달.
(사진 출처: 김준한)

열네 살 때 네덜란드로 이민을 갔지만 대학에 진학하기 위해 캐나다로 돌아가기로 결정했다. 그리고 2014년 여름 방학은 네덜란드에서 보내기로 했고, 그동안 연구 봉사를 할 생각이었다.

그녀는 팔케에게 천문학 쪽 일을 돕고 싶다고 이메일을 보냈다. 팔케는 이사운이 보낸 이력서를 읽은 뒤 EHT 프로젝트로 그녀를 데려갔고, 그렇게 이사운의 천문학 커리어가 시작되었다! 그녀는 EHT 이미징팀에서 일하며 석사와 박사 과정을 마치기로 했다. 이사운의 업무는 데이터 보정으로, 이미지를 산출해 내는 데 결정적으로 필요한 분야다.

SMT팀의 일원. 왼쪽에서 오른쪽으로 새라 이사운(라드바우드 대학교), 프리크 룈로프스(라드바우드 대학교), 김준한(당시 애리조나 대학교). 크리스천 홈스테트(애리조나 대학교). (사진 출처: 김준한)

11

간절한
마음

“사랑에 빠져 있었지만
지금까지 편지만 주고받던 사람을 만난 것 같았어요.
어떻게 생겼을지 줄곧 마음속에 그려왔지요.
얼마나 아름다운 사람일까.”

정말 블랙홀 사진이 맞을까

마침내 남극의 오랜 겨울이 끝났다. 이제 선반에 가득한 남극 관측소 데이터를 옮겨 보낼 수 있다는 뜻이다.

배와 비행기, 트럭을 타고 세상을 가로지르는 긴 여정이 2017년 12월 13일 헤이스택 천문대에서 마무리되었다. 0.5톤 남짓한 데이터의 마지막 분량을 드디어 처리할 수 있게 된 것이었다.

이미징 작업에만 50명이 넘는 과학자들이 매달려서 일하고 있었다. 모두 네 팀이었는데 두 팀은 독일 본에 있는 막스플랑크 전파천문학연구소에서 데이터를 처리하고, 다른 두 팀은 미국 보스턴 외곽의 헤이스택 천문대에서 같은 작업을 하기로 했다. 보우만은 헤이스택팀이었고 거기에는 돌먼도 있었다. 독일의 두 팀은 팔케가 맡았다. 전체 공동 연구진에서 뽑힌 사람들이 각 팀에 추가로 배정되었다. 진정한 의미에서의 세계적 협력이었다. 그런데 중요한 규칙이 한 가지 있었다.

팀 간 의사소통이 금지되었다. 서로의 시스템으로 들어가 업데이트도 하지 말아야 했다. 절대로. 각 팀은 데이터를 이미지로 바꾸는 방법조차 다르게 선택했다. 사람이 아니라 데이터가 시키는 대로 했을 때 모두가 똑같은 이미지를 만들어 내는지 확인하기 위해서였다.

팔케는 데이터 처리를 시작하는 팀원들을 점검하던 중 뭔가 잡아냈다는 느낌을 받았다. 이미지가 나오기 한참 전이었지만, 계산

EHT 이미징팀. 하버드 블랙홀 연구소에서 M87의 블랙홀 이미지 복구를 시작하는 첫날. 왼쪽에서 오른쪽으로 린디 블랙번, 케이티 보우만, 앤드루 체일, 마이클 존슨, 리아 메데이로스, 매칙 비엘거스, 셰퍼드 돌먼이다. (사진 출처: 케이티 보우만)

에서 느낌이 왔다.

"예를 들자면, 음악은 못 들었지만 음표는 본 그런 상황이었어요. 악보를 읽은 거지요. 그런데 전부 본 것도 아니에요. 아주 일부만 봤어요. 그래도 충분했어요. 그동안 과학자로서 받은 훈련이 있으니까요. 음익가가 악보를 보고 음악을 들을 수 있듯이, 과학자니까 이게 대단히 재미있는 곡이 되리라는 사실이 미리 보였던 거죠. 정확히 우리가 찾던 바로 그 곡이었어요."

7주, 길고도 치밀한 분석의 시간이 지났다. 그리고 마침내 네 팀 모두 이미지를 얻었다.

확실한 증거인 고리 모양 이미지를 처음 봤을 때, 드디어 팔케는 음악을 들었다고 말했다. "한 시간 정도 마당을 서성댔어요. '당신이군요!' 사랑에 빠져 있었지만, 지금까지 편지만 주고받던 그런 사람을 만난 것 같았어요. 그 사람이 어떻게 생겼을지 줄곧 마음속에 그려 왔지요. 얼마나 아름다운 사람일까. 그런데 처음으로 상대를 대면한 거예요. 진짜 이미지를 봤는데, 그동안 마음으로 그려 왔던 모습과 정확히 똑같더군요. 와! 진짜였어요."

한 시간 뒤, 초조한 의심이 마치 화물차 같은 기세로 그를 강타했다.

"이제 얼굴과 얼굴을 맞대고 정면으로 상대를 응시하게 되었어요. 우리 관계가 지속될까요? 지금 보고 있는 게 과연 진짜일까요?"

헤이스택에서도 비슷한 장면이 펼쳐졌다. 보우만이 팀원들과 작업 중이었고 바로 옆에 돌먼도 있었다. 그들이 숫자를 돌리자 나타난 것은 고리 모양이었다.

"우아!" 돌먼이 탄성을 터뜨렸고 보우만은 감탄의 웃음을 터뜨렸다. 흥분을 감출 수가 없었다.

"이게 진짜 맞다면, 평생의 대발견이 될 거예요." 돌먼이 말했다.

보우만에게도 놀라운 순간이었다. "고리 같은 게 나타나기 시작하니까 '어머나, 세상에, 지금 블랙홀이 눈앞에 보이는 거잖아' 하면서 믿기지 않아서 자꾸만 꼬집어 봐야 할 것 같았어요."

팔케처럼 처음에는 전율이 일었다. 그러고는 의심이 뒤따랐다. '이게 진짜일까?' 절대적인 확신이 필요했다.

"언제나 조심해야 해요. 제 꾀에 넘어가서 보고 싶은 걸 보는 상황이 되지 않도록. 과학에서는 그게 제일 위험한 거죠. 고리 모양을 너무 간절히 보고 싶은 나머지, 그 생각을 데이터 속에 넣으면 안 되니까요." 팔케는 설명했다.

확인해 볼 확실한 방법은 단 하나. 네 팀이 제출한 사진 네 장을 그룹 전체에 동시에 보여 주면 되었다. 그렇게 하면 모두가 같은 결과를 냈는지 팀원들이 직접 보게 될 것이었다. 다른 사람들과 마찬가지로 보우만 역시 처음으로 네 장을 모두 보게 될 터였다. 과연 정말로 실제 블랙홀 사진을 찍은 것일까?

연구진을 만나자 ❸

마이클 존슨 Michael Johnson

하버드 스미스소니언 천체물리학센터에서 일하는 천체물리학자다. 하버드에서 강의도 한다. 존슨이 집중적으로 연구하는 분야는 블랙홀과 중성자별이다. EHT의 일원으로서 이미징팀을 공동으로 이끌며 데이터 처리와 이미지 제작용 알고리즘, 소프트웨어를 개발했다. 이 일을 하지 않을 때면 천문학에 대한 애정을 학생들에게 전해 주는 일을 즐겨 한다. 특히 소외된 학생과 그 가족들에게 다가가기 위해 힘을 기울인다.

앤드루 체일 Andrew Chael

천체물리학자다. 프린스턴 대학교Princeton University의 이론 과학 센터Center for Theoretical Science에서 아인슈타인 연구원으로 일한다. EHT 이미징팀의 일원이었다. 그는 슈퍼컴퓨터를 이용해서 밝게 빛나는 플라스마가 블랙홀로 떨어지는 과정을 시뮬레이션으로 보여 준다. 블랙홀 제트 연구도 한다. 하버드에서 공부할 당시 지도교수가 존슨, 나라얀, 돌먼이다! 체일은 본인 웹사이트에 직접 만든 컴퓨터 시뮬레이션을 올려 놓았고 또 M87*의 시뮬레이션과 실제 사진을 비교한 것도 올려 놓았다! 그는 천문학과 천체물리학 분야 성소수자 명단에 오른 멤버임을 당당하게 밝혔다. 전체 명단은 온라인에 공개되어 있다.

아키야마 가즈노리 Akiyama Kazunori

헤이스택 천문대의 천체물리학자다. 존슨과 함께 EHT 이미징팀을 이끌었다. 아키야마의 관심 분야는 블랙홀과 시공간이다. 일본에서 태어나 교육받은 뒤 헤이스택에서 근무하기 위해 2015년에 미국 매사추세츠로 이주했다. 이주하기 전 2010년부터 EHT의 일원이었다. 이미지가 드러난 뒤 그의 소감은? “대단한 순간이었어요.” TV 인터뷰에 응한 그의 얼굴이 환하게 빛났다.

린디 블랙번 Lindy Blackburn

하버드 스미스소니언 천체물리학센터에 소속된 전파천문학자다. EHT 멤버로서 미가공 데이터의 보정 업무를 주도했다. 핵심 연구 분야는 블랙홀과 일반 상대성 이론 실험이다.

루릭 프리미아니 Rurik Primiani

베네수엘라에서 태어났다. 엔지니어링과 천문학을 모두 공부했다. EHT 프로젝트에서는 디지털 백엔드를 개발해서 망원경이 포착한 정보를 기록하도록 했다.

과학자의 책꽂이

칼 세이건, 《콘택트 1·2》(사이언스북스, 2001)

아서 C. 클라크, 《2001: 스페이스 오디세이》(황금가지, 2017)

앤드루 체일은 데이터 처리 기술을 개발하는 일을 한다. 그가 제일 좋아하는 책은 바로 칼 세이건이 쓴 《콘택트》다. 이 책은 1997년 영화로 만들어지기도 했다. 체일은 1985년에 발간된 이 책이 천문학 분야의 매력을 잘 드러냈다고 생각한다. 또한 과학 소설의 고전인 《2001: 스페이스 오디세이》도 좋아했다. 이는 아서 C. 클라크가 쓴 책으로, 독자는 외계 생명체를 찾아 나선 우주비행사들을 따라 여러 행성 간 여행을 경험하게 된다. 체일이 처음으로 블랙홀을 만난 곳도 이 책의 한 페이지에서였다! 이 책 역시 영화로 제작되었다.

12

기다리고 기다리던

✷

"일단 파일을 열면, 결과는 둘 중 하나였다.
과학계에 한 획을 긋든지
아니면 백지상태로 돌아가든지.
너무 많은 것이 걸려 있었다."

마침내 얻은 블랙홀 사진

2018년 7월 24일, 사건 지평선 망원경 연구진은 드디어 때가 되었음을 알았다. 그들은 케임브리지의 교실 책상 앞에 모여 앉았다. 보우만이 교실 앞에 섰고 돌먼은 맨 앞줄에 앉아 있었다.

네 팀이 각각 따로 데이터를 돌렸다. 그들은 컴퓨터에 데이터를 주고 이미지를 띄우도록 했다. 어떤 식으로든 인간의 편향이 들어가기가 쉬웠다.

그래서 7주 동안 철저히 서로 단절된 채 작업을 진행했다. 각 팀은 나머지 세 팀과 교류하지 않기로 했다. 어떤 종류의 편향도 피하기 위해 내린 극단적인 조치였다. 믿을 수 있는 결과를 내야 했으니까.

많은 데이터 처리, 격리, 검토와 중복 검토를 거친 뒤였다. 과연 그들은 같은 데이터를 가지고 같은 이미지를 얻어 냈을까? 네 팀 모두 같은 이미지라면 그 뜻은 간단하고도 명백했다. 그들이 사상 최초로 블랙홀 사진을 찍었다는 뜻이었다. 가늠할 수 없을 정도로 대단한 과학적 진보를 이루고 학문의 새 지평을 열어서, 더 많은 연구와 더 많은 발견으로 뛰어들 발판을 마련했다는 뜻이었다.

보우만은 초조했다. 과연 이미지들이 똑같을까? 이제 곧 보게 될 사진들이 블랙홀의 생김새에 대한 논란을 종식할 만한, 두 말이 필요 없을 확실한 증거가 되어 줄까? 화상 회의 프로그램을 이용해서 나머지 팀들도 속속 들어왔다. 사람들의 시선이 온통 보우만에게 쏠렸다.

"제가 만든 도구로 우리가 서로 모르게 결과를 내고, 이제 그걸 비교할 수 있게 되었어요."

보우만 본인도 아직 이미지들을 보기 전이었다. 결과물은 컴퓨터 속에 들어 있었다. 파일을 열기만 하면 되었다. 일단 파일을 열면, 결과는 둘 중 하나였다. 과학계에 한 획을 긋든지 아니면 백지상태로 돌아가는지. 너무 많은 것이 걸려 있었다. 부담이 심했다.

세계에서 손꼽히는 블랙홀 과학자들 앞이었다. 무수한 시간을 쏟아붓고 수 주일씩 가족과 떨어져 끔찍한 기후를 견뎌 낸 사람들이다. 이 실험 결과에 따라 그들의 경력과 전문성이 결정된다. 그런 사람들 앞에 서니 보우만의 머리에 떠오르는 생각은 하나뿐이었다. '난 못 해. 못 하겠어.'

이미지 네 개를 동시에 띄울 준비를 하는 동안 30초의 시간이 흘렀다. 그리고 드디어 화면이 떴다.

사진 네 개의 직경이 모두 같았다. 네 사진 모두 밝은 고리 모양을 선보였다. 모두 고리의 아래 쪽이 훨씬 밝았다. 네 개의 사진이 거의 똑같았다. 그들이 보고 있는 건 블랙홀이었다.

박수와 환호가 터졌다. 감탄과 안도의 소리였다.

"제각기 다른 이미지가 나올까 봐 걱정이 컸어요. 그렇지만 거의 똑같았어요. 기적이었죠. 아주 힘든 일을 해냈습니다." 미국 국립과학재단의 코르도바 박사가 말했다.

케이티 보우만이 최초로 M87 블랙홀의 이미지를 공동 연구진에게 보여 주고 있다.
(사진 출처: 케이티 보우만)

보우만에게는 아직 할 일이 남아 있었다. 검증도 해야 했고 모든 걸 완벽하게 다듬어야 했다. 하지만 당시 마음은 이랬다. '어머나, 세상에, 우리가, 우리가 진짜로 사진을 찍은 거네?' 그렇다, 그들은 사진을 찍고야 말았다.

과학자의 책꽂이

존 로널드 루엘 톨킨, 《반지의 제왕 1·2·3》

(아르테, 2021)

EHT의 일원인 제시카 뎀프시Jessica Dempsey는 하와이에 있는 동아시아관측소East Asian Observatory, EAO에서 정책관으로 일했다. 처음 블랙홀 사진을 봤을 때 친숙한 느낌이 들었다고 한다. J.R.R. 톨킨이 쓴 판타지 3부작 《반지의 제왕》에 나오는 '사우론의 눈'이 떠올라서였다. 블랙홀의 실제 모습은 검게 벌어진 틈을 오렌지색 붉은 불길이 둘러싼 사우론의 거대한 눈과 너무나도 흡사했다!

연구진을 만나자 ❹

지금까지 봐왔듯이, 전 세계의 수많은 과학자와 연구원이 힘을 합쳐서 이 꿈 같은 프로젝트를 이루어 냈다. 그들 모두 스포트라이트를 받을 자격이 있다!

C. M. 비올레테 임펠리체리
F. 피터 숄레르브
T. K. 스리다란
가오펑
가와시마 도모히사
개릿 키팅
고노 유스케
고야마 쇼코
고팔 나라야난
구민펑
궈청위
그레고리 데비뉴
기노 모토키
기무라 기미히로
기젤라 N. 오르티스 레온
김재영
김종수
김준한
나카무라 마사노리
나카이 히로시
네이선 화이트혼
노르베르트 웩스
니메시 파텔
니시오카 히로아키
니춘충
니컬러스 맥도널드
니콜라스 프라델
닐 M. 나가르
닐 M. 필립스
닐 R. 에릭슨
닐스 할버슨
다릴 하가드
다자키 후미에
대니얼 C. M. 팔룸보
대니얼 P. 머로니
대니얼 R. 밴 로섬
대니얼 미칼릭
댄 빈틀리
더크 버더스
데릭 쿠보
데스 스몰
데이비드 A. 그레이엄
데이비드 C. 포브스
데이비드 H. 휴즈
데이비드 J. 제임스
데이비드 M. 게일
데이비드 P. 우디
데이비드 R. 스미스
데이비드 볼
데이비드 산체스 아르궤예스
도마 겐지
도미니크 브로기에르
도미닉 W. 페스세
돈 수자
디미트리오스 프살티
라메시 나라얀
라메시 카루푸사미
라이언 베르톨트
라이언 칠슨
라이언 키슬러

라켈 프라가 엔시나스
란자니 스리니바산
람프라사드 라오
랠프 P. 이터프
랠프 마슨
레모 P. J. 틸라누스
레미 사셀라
레베카 아줄레이
레이 블런델
로날트 헤스퍼
로널드 그로슬라인
로드리고 아메스티카
로드리고 코르도바 로사도
로라 버탓스키치
로랑 로와나르
로만 골드
로버트 A. 랭
로버트 프로인드
로버트 훠턴
로베르토 가르시아
로베르토 네리
로저 딘
로저 브리센든
로저 카팔로
루릭 프리미아니
루빈 에레로 이야나
루시 지우리스
루이스 C. 호
루치아노 레졸라
뤄루선
뤄리밍
뤄원핑
뤼팽 C. C. 린
류관위
류궈
류칭탕
리아 메데이로스
리옌룽
리자오더
리즈위안
리처드 라카스
리처드 플람벡
린 D. 매슈스
린디 블랙번
마리아펠리시아 데 라우렌티스
마쓰시타 사토키
마오지룽
마이클 D. 존슨
마이클 H. 헥트
마이클 노왁
마이클 브레머
마이클 얀센
마이클 크레이머
마이클 타이터스
마이클 포리에이
마크 G. 롤링스
마크 거웰
마크 데롬
마크 케테니스
마티아스 모라 클라인
마틴 P. 매콜
만수르 카라미
매슈 덱스터
매칙 비엘거스
멜 로즈
멜빈 라이트
모니카 모시브로즈카
모리야마 고타로
미슬라브 발로코비치
미즈노 요스케
미즈노 이즈미
미카엘 린드크비스트
밀라그로스 제바요스
바르트 리페르다
버넌 패스
벤 프레더
벤저민 R. 라이언

벤카테시 라마크리슈난
변도영
보리스 게오르기에프
뷰엘 T. 자누지
브래드퍼드 A. 벤슨
브리튼 지터
빈센트 L. 피시
빈센트 피에투
사사다 마히토
사샤 트리페
사오리징
산티아고 나바로
살바도르 산체스
새라 이사운
샌드라 부스타멘테
샤미 채터지
선즈창
세라 마르코프
세르지오 A. 집
셰퍼드 S. 돌먼
손봉원
쇼르드 T. 티메르
슈테판 하이민크
스베틀라나 요르스타드
스벤 돈부시
스콧 N. 페인

스티븐 R. 맥휘터
시오카와 호타카
실크 브리첸
아라시 로시니샤트
아르투로 I. 고메스루이스
아리스테이디스 누토스
아사다 게이이치
아키야마 가즈노리
아티시 캠블
안드레아스 에카르트
안드레이 로바노프
안토니오 에르난데스 고메즈
안트손 알베르디
알레산더 W. 레이먼드
알레한드로 F. 사에즈 마딘
알렉산더 알라디
알렉산드라 S. 랄린
알렉산드라 팝스테파니자
알프레도 몬타나
앙드레 영
앤 카트린 바치코
앤드루 나돌스키
앤드루 체일
앤서니 A. 스타크
앤터 J. 잰서스
앨런 L. 로이

앨런 P. 마셔
앨런 R. 휘트니
앨런 로저스
얀 바그너
에두아르도 로스
에드 포멀론트
에드가르 카스티요 도밍게스
에런 파버
에릭 M. 리치
에이버리 E. 브로더릭
엑토르 올리바레
엘리사베타 리우초
오가와 히데오
오야마 도모아키
오키노 히로키
올리버 포스
올리비에 장타즈
우베 바흐
우에리 펀
우칭원
월터 알레프
웨이타순
웬들린 B. 에버렛
위안예페이
위안펑
윌리엄 T. 프리먼

윌리엄 몽고메리
윌리엄 스노
윌리엄 스탐
윌프레드 볼랜드
유고 메시아스
유천유
응우옌 찌
이그나시오 루이스
이노우에 마코토
이니얀 나타라잔
이반 마르티 비달
이상성
이언 M. 콜슨
이케다 시로
일제 판 베멀
자오 구앙야오
자오샨샨
장수하오
장슈오
장쑹추
장우
장치청
장호밍
잰 G. A. 우터루
정 마이어 자오
정태현

제시카 뎀프시
제이 M. 블랜처드
제이딘 안차르스키
제이슨 W. 헤닝
제이슨 덱스터
제이슨 수후
제임스 M. 모런
제임스 M. 코더스
제임스 호지
제프리 B. 크루
제프리 바우어
조너선 와인트랍
조르디 다벨라르
조일제
조지 N. 웡
조지 니스트롬
조지 릴랜드
조지프 R. 페라
조지프 닐슨
조지프 크롤리
존 E. 칼스트롬
존 E. 콘웨이
존 데이비드
존 배럿
존 워들
존 쿠로다

주지옌
준 이 코에이
지리 연시
찬치관
찰스 F. 개미
천밍탕
천용준
천충천
쳇 루시치크
추이위주
츠다 슈이치로
치리아코 고디
카르스텐 크레이머
카를 M. 멘텐
카를 프리드리히 슈스터
카말 수카르
카우식 채터지
카일 D. 마싱길
카일 스토리
카지 L. J. 라이글
캐서린 L. 보우만
캘리 마툴로니스
케빈 A. 뒤드부아르
케빈 M. 실바
켄 영
코넬리아 멀러

콜린 론스데일
크레이그 발터
크리스 에카르트
크리스토퍼 H. 그리어
크리스토퍼 리새처
크리스토퍼 보두앵
크리스티안 M. 프롬
크리스티안 브링크링크
타일러 트렌트
토드 R. 라우어
토마스 P. 크리치바움
토마스 브론즈웨어
토머스 M. 크로퍼드
토머스 W. 포커스
투오마스 사볼라이넨
티머시 노턴
팀 C. 슈터
파블로 토르네
파트리크 코흐
페르 프리베리
페리알 오젤
폴 쇼
폴 야마구치
폴 티에데
폴 호
푸훙이
프레더릭 K. 바가노프
프레데리크 게트
프리크 룰로포스
피에르 마틴 코셰
피에르 크리스티앙
피터 갤리슨
피터 오시로
필리프 A. 라핀
핌 셸럿
하다 카즈히로
하세가와 유타카
하오진즈
하이노 팔케
한궈장
한즈장
해리엇 파슨스
헤르시 헤이르트세마
헬게 로트만
호르헤 프레시아도 로페스
호세 L. 고메즈
혼마 마레키
황레이
황야오드
황즈웨이
후안 카를로스 알가바
후안 페날베르
휘브 얀 판 랑게벨데
히로타 아키히코

13

쉿, 비밀을 지켜야 해

"칠흑같이 어두운 밤이 헤아릴 수 없이 많았어요.
그 밤은 별이 가득한 그런 밤이 아니에요.
이겨 내야 할 역경이 무수한 밤이었어요."

우리는 하나

세상 사람들에게 블랙홀이 어떻게 생겼는지 보여 주기 전에, 이미지를 다시 확인하고 검사해야 했다. 한 번 더, 다시 한 번 더. 이번에는 인간의 관여를 완전히 배제한 채, 컴퓨터가 데이터를 토대로 조정하도록 프로그래밍했다. 그러고 나서 이미지들을 세밀하게 조정해 한 장으로 통합했더니 신뢰할 만한 블랙홀 이미지가 나왔다.

연구진은 당분간 이 사실을 비밀에 부쳐야 했다. 350명이 넘는 과학자, 수학자, 엔지니어, 보조 연구원 모두 비밀을 지켜야 했다. 아무에게도 발설해서는 안 되었다. EHT 특유의 공동 연구 정신을 반영하지 못하는 방식으로 이미지가 새어 나간다면 큰일이었다. 앞으로 펼쳐질 미래의 프로젝트를 방해할 수 있기 때문이다. 관련된 사람이라면 누구든 마지막까지 입을 다물어야 했다. 어마어마한 대발견을 했으니 그 내용을 처음으로 공표할 기회는 딱 한 번밖에 없었다.

EHT 연구진 일부가 9개월에 걸쳐 부지런히 데이터를 검증하는 동안, 다른 일부는 또 다른 큰 질문에 대한 답을 구하고 있었다. '이토록 획기적인 뉴스는 어떤 식으로 세상에 알려야 할까? 세상 사람들에게 처음으로 블랙홀 이미지를 보여 주려면 어떤 방식이 좋을까?'

미국 국립과학재단의 홍보 미디어 담당자 조슈아 샤못Joshua Chamot

은 망원경으로 관측한 2017년 이후 주기적으로 돌먼에게 전화를 걸어 좋은 소식이 있는지 확인하곤 했다. 샤못은 이렇게 말하곤 했다. "박사님, 우리 쪽에서도 전략을 짜야 하거든요. 이게 잘되면 엄청난 사건이 될 테니까요." 홍보팀원들은 돌먼이 청신호를 주기를 초조하게 기다렸다.

지나고 나서 생각하니 돌먼을 끊임없이 재촉했던 것 같아서 샤못은 미안한 감정이 들었다. 그러다가, 2017년 가을 어느 날 마침내 전화벨이 울렸다. 돌먼이 말했다. 이제 계획을 시작할 때가 되었다고. 아직 데이터 처리가 한창이던 때였다. 그러나 돌먼에게는 홍보 계획을 시작해도 좋겠다는 확신이 충분했다.

샤못은 소매를 걷어붙이고 작업에 달려들었다. 홍보팀에게는 신명 나는 단계였다. 미디어를 직접 대하는 일은 홍보팀 업무의 극히 일부에 불과하다. 뉴스를 내기 한참 전부터 이토록 심대하고 중요한 기술에 대해 어떻게 말할지 고심해야 했다. 도대체 이번 발견이 무엇인지, 그게 왜 중요한지, 어떻게 이루어졌는지 오해 없이 제대로 설명할 말을 찾아내야 했다. 정확한 표현 방법을 찾은 다음에는 이벤트 자체에 대한 계획을 세워야 했다. 누가, 언제, 어디서 발표할지 따위를 전부 포함해서 말이다.

게다가 이번 발견은 세계적인 협력의 산물이었다. 뉴스를 알리는 방식 또한 그것을 드러내는 방식으로 이루어져야 했다. 언어가 어떻든, 문화가 어떻든, 같이 노력해서 일을 진척시켜야 했다.

연구원과 과학자 그룹, 그리고 그 많은 협력 기관 사이에 "말하는 방법, 의미를 전달하는 방법이 아주 다양했어요. 게다가 우리 공동 연구진 안에도 정치적인 경쟁이 있었어요. 누구 아이디어가 제일 빛나는지 같은 것이었죠. 사실 제대로 되기가 정말 힘든 일이지요." 팔케가 말했다. 어떤 발표든 진두지휘하려면 이 모든 걸 염두에 두어야 한다.

미국 국립과학재단의 피터 커진스키Peter Kurczynski 박사는 그런 문제를 담당하는 팀의 일원이었다. "제일 기본적인 난관은 이런 겁니다. 구성원들이 말 그대로 전 세계 각국 사람인데, 대체 몇 시에 회의를 소집해야 할까요? 어떤 사람들은 한밤중이잖아요. 지구는 둥그니까요!"

일단 회의가 소집되면, 사람들의 문화적 다양성, 정치적 다양성, 심지어 개인적 다양성까지 에두를 수 있는 방법을 개발해야 했다. 목청 높은 사람이 회의를 주도하게 내버려 둬서도 안 되었다. 어떤 문화권에서는 나보다 높은 지위에 있는 사람들에게 의견을 말하면 무례하다고 생각한다. 또 다른 문화권에서는 적극적으로 토론에 참여하지 않으면 무례하다고 생각한다. 그러니 이 과정이 쉽지 않았다.

"어떤 사람들은 내성적이라 회의 시간에 의견을 내고 싶어 하지 않기도 해요." 커진스키가 말했다. "반면에 적극적이고 공격적으로 말하는 사람도 있고요."

커진스키는 수용적인 분위기를 만들어서 누군가 의견을 말할 때 남들이 자기 말을 진지하게 들어주고 그래서 존중받는다는 느낌이 들도록 만들어야 했다.

"다른 사람의 말을 경청하는 건 아주 중요한 기술이에요. 당연하게 생각하면 안 됩니다."

회의 때마다 그는 누가 말을 하는지 그리고 누가 말을 안 하는지 눈여겨보고, 잠자코 앉아 있는 사람이 보이면 묻곤 했다. "지금까지 거론된 의견에 대해 어떻게 생각하세요? 혹시 다른 아이디어가 있을까요?" 그렇게 해서 의사 결정 순간이 다가오면, 그는 참석한 사람들 의견을 확인했다. 심지어 한마디도 하지 않았던 사람도 확인했다. "이 결정에 모두들 만족하시나요? 혹시 불만인 분 계신가요?"

이렇게 노력을 기울인 것은 문화적 차이를 비켜 가고 의논의 단계마다 모두가 참여하도록 하기 위해서였다.

함께 발견했으니 발표도 함께하자

이제 이들은 또 다른 스트레스에 대처해야 했다. 미디어에서 뭔가 있을 것임을 직감했기 때문이다. EHT 연구진을 따라다니던 언론인이 많았다. 그들은 EHT 연구진의 목표와 연구 진행 과정, 그동안 이룬 소소한 성공에 대해 세상에 알려 왔다. 새로 받게 된 지원금 소식도 다뤘다. 그러니 실험이 어떻게 되어 가는지 묻는 것도 당연했다. 블랙홀 사진은 찍었는지? 지금까지 미국 국립과학재단이 퍼부은 돈만 해도 240억 원이 넘었다. 다른 어떤 기관보다도 많은 돈을 냈다. 기자라면 그 많은 돈이 합당하게 쓰였는지 궁금해하는 게 당연했다. 성공일까 실패일까? 새로운 소식이 있을까?

기자들에게 무엇이라도 답해야 하니 압박감이 컸다. 그렇지만, EHT 연구진은 단 한 마디도 흘리지 않기로 약속했었다.

"조심스럽게 협의도 많이 하고 사람들과 친분도 쌓으면서 다른 사람들의 필요와 관심에 민감하게 신경 썼어요. 느슨한 팀원들을 다잡으려고요. 특히 시간의 부담이 큰 상황에서요. 기사를 어떻게 써야 할지 궁금해하는 미디어 때문에 모두가 부담을 느꼈어요." 커진스키가 설명했다.

몹시 가렵지만 절대 긁어서는 안 되는 상황이었다. 그래서 중국 팀은 블랙홀 모양을 본뜬 수신호를 만들어 냈다. 그들은 그 포즈로 사진을 찍으며 비밀을 흘리지 않고도 자기들이 느끼는 흥분과 스릴을 표현할 수 있었다.

커진스키가 설명을 이어갔다. "과학자는 천성적으로나 훈련으로나 비밀을 지키기가 힘들어요. 과학자의 본성은 자신의 발견을 세상에 알리는 거니까요."

그래서 연구진은 논의에 논의를 거듭했고, 그 결과 자신들의 발견을 발설하지 않기로 정했다. 지시를 받아서가 아니었다. 자발적인 결정이었다. 다 같이 발표하면 도대체 무슨 이득이 있기에? 세상의 이목을 한번에 집중시킨 뒤 인간 지식의 한계가 확장되었음을 보여 줄 수 있다. 또한 세계적인 협력의 가치를 온 세상에 불어넣을 수 있게 된다.

이런 논의는 여러 팀을 거쳐 일어났다. 미디어 담당자들과 홍보팀이 과학팀 리더들에게 의견을 전했더니 이번에는 과학자들이 자기 팀원들과 논의했다. 공동 연구진 내부에서 지위가 얼마나 높은지는 문제되지 않았다. 모든 구성원에게 이런 식으로 소식을 세상에 전하는 데 동의하는지 선택권을 주었다. 몇 번을 토론하고 또 했지만 모두 같은 결론에 도달했다. 우리는 함께 발견했다, 그러니 발표도 함께하자.

홍보의 주도적인 역할은 NSF가 맡았으나 토론의 여지는 남기고, 다른 나라나 다른 기관 미디어 담당자들에게 압박을 주지 않는 의사 결정 체계와 시간표를 만드는 등 신중을 기했다. NSF는 전체 팀과 함께 꼼꼼하게 움직였다.

처음 내린 결정은 자잘한 이야기들을 계속해서 흘리는 대신 기자 회견을 열어서 전 세계에 소식을 알리자는 것이었다. 장대한 사건이니만큼 발표도 장대하게 느껴져야 했다.

“반쯤만 사실이거나 오햇거리가 있는 이야기를 연달아 발표하는 대신 기자회견을 하면 이야기를 통으로, 완전하게, 사실 관계에 오

2018년 11월 네이메헌에서 함께한 사건 지평선 망원경 공동 연구진. (사진 출처: D. 판 알스트)

류 없이 전달할 수가 있잖아요." 커진스키가 말했다.

다음 결정 사항은 전 세계에서 발표를 '동시에' 하자는 것이었다.

"각국의 언어와 문화로 전하는 게 좋겠다고 생각했어요. 우리에게는 뉴스를 전해 줄 각국 대표 사절단이 있으니까요." 팔케가 설명을 계속했다. "과학의 언어는 세계적 언어예요. 과학의 원칙도 세계적인 원칙이고요. 그 내용을 전달하는 사람들의 언어가 다를 뿐이지요. 그래도 바닥에 깔려 있는 원칙은 동일합니다."

NSF의 샤묫은 발표 계획을 세우기 시작할 때부터 연구 결과가 세상에 줄 의미를 알았다. "세상에는 너무 많은 일이 벌어지고 있어요. 사람들이 이토록 순수한 대발견을 접하면, 한 걸음 뒤로 물러서서 생각할 기회를 갖겠죠. 우주가 진정으로 흥미로운 장소라는 걸 알게 되고 또 이 모든 일이 과연 어떤 의미일까 철학적으로 생각하는 계기가 되겠지요. 우리는 그런 걸 바랐어요."

그런 목표를 이루기 위해 홍보팀은 블랙홀 이미지를 기자회견의 중심으로 결정했다. 그걸 위해서라면 다른 것들은 조정하고 변경할 수도 있었다. 공개적인 행사에서 배려를 표현하는 미국의 방식이 일본이나 유럽, 기타 지역에서는 다를 수도 있다. 업무 관습이 다를 수도 있고, 기자회견을 계획하고 전달하는 스타일도 다를 수 있다. 그럼에도 그들은 각 문화권의 선호도를 반영해 가며 초 단위까지 맞추어 동시 기자회견 문구를 준비했다. 블랙홀의 이미지는 정확히 똑같은 시각에 공개할 계획이었다.

NSF 본부에서 데니스 자니오 칠드리Denise Zannio Childree 박사가 앞에 놓인 화이트보드를 들여다보고 있었다. 다양한 색깔을 덧대고 또 덧댄 목록이 잔뜩 붙은 보드였다. 칠드리는 세세한 일까지 전부 아울렀다. 소셜 미디어 포스팅의 초안 잡기, 기자 회견 장소와 운영 방식 조정하기, 토론자 모으기, 기자들에게 제공할 미디어 자료집 구성하기, 보도 내용을 24개 국이 넘는 다양한 나라의 언어로 번역하기 등이 칠드리의 일이었다. 그녀는 관련자 모두가 이번 발견의 핵심, 즉 블랙홀의 목격이라는 기적에 집중하도록 빈틈없이 노력했다.

기자회견을 앞둔 일주일은 굉장했다. 관련된 사람들 모두 엄청난 중압감에 시달렸다. 미디어에서는 중대한 신선이 있었다는 낌새를 알아챘다. 기자들이 문 앞에 줄지어 서서 한 마디, 한 줄이라도 정보를 주길 원했고 EHT가 관측한 내용에 대해 조금이라도 힌트가 있는지, 프로젝트가 성공인지 아닌지 알아내려 했다.

그러나 어찌 되었든 350명이 넘는 과학자와 구성원이 관련되었고 모두들 엄청나게 스트레스를 받았음에도, 아무 말도 새어 나가지 않았다. 비록 자잘한 소동은 있었으나 그래도 서로 배려하는 분위기가 강했다. 아무도 비밀을 누설하지 않았다.

우리의 사명

블랙홀 사진을 찍자고 세계 각지의 과학자들이 모여들었다니, 뭔가 대단한 일이 벌어질 것만 같았다. 코르도바 박사는 멀리서도 그 광경을 훤히 볼 수 있었다. 그리고 미래의 과학자들이 그 프로젝트로 커다란 영감을 받기를 바랐다.

"블랙홀 사진을 보고 의욕을 느낀 젊은이들에게 무슨 말을 해주겠냐고요? 잘해 보라고 용기를 북돋고 싶어요."

"EHT 프로젝트에 참가했던 사람들은 연령뿐만 아니라 여러 면에서 다양성이 컸습니다." 사람들은 세계 곳곳에서 왔고 어떤 사람은 과학, 또 어떤 사람은 수학, 홍보 등 전공 분야도 다양했다. 각자가 저마다 다른 재능을 지니고 현장에 나타났다. 그런 사람들이 함께 협동하기로, 갈등을 이기고 공동의 목표를 향해 가기로 정했다.

코르도바 박사는 깊은 감명을 받았다. 그녀에게 감명을 주기란 여간 어려운 일이 아닌데도 그랬다.

코르도바는 나사에서 일했을 뿐만 아니라 달 착륙에 성공했던 닐 암스트롱Neil Armstrong과 개인적 친분을 나누며, 게다가 전 세계 통틀어 가장 크고 중요한 과학 연구 기관을 운영하는 사람이 아닌가.

코르도바 박사. (사진 출처: NSF/스티븐 보스)

"연구진을 크게 칭찬해 주고 싶어요. 어려운 작업을 해결하려고 힘을 합쳐서, 그게 무엇이 되었든 본인들이 추구하던 이상에 헌신하는 눈부신 일을 해냈잖아요. 칠흑같이 어두운 밤이 헤아릴 수 없이 많았어요. 그 밤은 별이 가득한 그런 밤이 아니에요. 이겨 내야 할 역경이 무수한 밤이었어요."
하지만 그들은 이겨 냈다. 그 점이 중요했다. 그들은 난해한 과학을 떠안고, 각자 다른 견해와 문제 해결 방법을 받아들이고, 과학의 이름으로 함께 협력해 난관을 이겨 내고 우주와 우주 속 인간의 위치에 대한 이해를 넓혔다.
"저는 우리가 추적할 대상 가운데 블랙홀이 가장 중대하다고 생각합니다. 우리의 근원, 인류의 근원, 주변 모든 것의 근원으로 귀결되니까요." 인류의 근원이라니. '우리는 어떻게 생겨났을까?' '우주 어느 곳에서 그 과정이 시작된 걸까?' '그 큰 그림에서 블랙홀의 위치는 어디일까?' '빅뱅에 대해서 알려 주는 바는 무엇일까?' 이 모든 질문, 그리고 다른 행성에 대한 탐구는 사실, 우리라는 존재와 우리가 살고 있는 우주에 대해 더욱 잘 이해하려는 노력과 관련된다.
"블랙홀을 이해하고 그 모든 이치를 밝혀 보자는 마음이 인류가 가질 수 있는 최고의 열망이 아닐까 생각합니다."

14

주목! 블랙홀 사진 발표

“이게 블랙홀입니다!
매일 끔찍한 뉴스가 들끓는 세상에 사는 사람들에게
견줄 데 없는 황홀한 기적이 생겼다.”

“우리는 봤고, 사진도 찍었습니다”

2019년 4월 10일 마침내 큐 사인이 내렸다. 전 세계 여섯 군데 도시에 마련된 무대 위 좌석에 과학자들이 앉아 있었다. 벨기에의 브뤼셀, 덴마크의 링비, 칠레의 산티아고, 대만의 타이베이, 일본의 도쿄, 미국의 워싱턴 D.C. 등이었다.

워싱턴 D.C.에서는 NSF 이사장인 코르도바 박사가 인산인해를 이룬 과학자, 과학 저술가, 저널리스트 들 앞으로 걸어 들어왔다. 인류가 정말 블랙홀을 보았는지 확인하기 위해 세계 각지에서 몰려든 사람들 앞이었다. 미국 전역에 퍼져 있는 우주과학 팬들의 관심이 이제 곧 그녀에게 집중될 것이었다. 이는 코르도바가 어린 시절부터 꿈꿔 왔던 것이기도 했다.

1950년대 로스앤젤레스에서 자라던 시절, 소녀는 침실 창밖을 내다보며 조명이 구름에 반사되는 모습을 지켜보곤 했다. 빙글빙글 쏘아 올린 불빛은 동네 사람들의 이목을 끌어 매출 효과를 노리던 동네 슈퍼마켓의 상술이었다. 그 번쩍이는 불빛이 코르도바에게는 다른 영향을 미쳤다. 하늘로 관심이 옮겨졌다. 저 위에는 뭐가 있을까? 어떤 원리가 있을까? 뭘 알아낼 수 있을까? 코르도바는 질문이 많은 자신의 성향을 고려해 처음에는 기자가 되었다. 그러나 정작 일을 시작하고 취재를 해보니 충분히 깊은 내용으로 파고들 수가 없다는 점과 자신이 연예나 오락 같은 주제에는 흥미를 느끼지 못한다는 사실을 알게 되었다.

"그래서 어떤 길로 가야 할까 가늠해 봤어요." 서른 살이 되었을 때 어느 분야에 있고 싶은지 자문해 봤다. 그랬더니? 천체물리학이었다. "그래서 곧장 그 길로 갔지요."

그때 결심으로 과학과 천체물리학을 향한 평생에 걸친 사랑이 시작되었다. 천체물리학자로서 나사의 수석 과학자, 그 후로는 미국 국립과학재단 NSF의 이사장 같은 고위직에 이르기까지 경력을 쌓았다.

그런 길을 걸어왔기에 코르도바는 이 순간이 NSF의 수장으로서 일생일대의 순간임을 알았다. "해서는 안 되는 일이라면서 그 이유를 대는 사람들은 수도 없이, 헤아릴 수도 없이 많아요." 그래서 이 일이, 그리고 지금 이 순간이 더욱 기뻤다. 원대한 이상을 이루기 위해 모험을 피하지 않고 과업을 달성한 팀에게 '해도 좋다'라고 자신이 허락했기 때문이었다.

돌먼이 종이 한 장을 만지작대고 있었고 코르도바는 연단으로 나와서 몇 마디 해달라는 요청을 받았다.

"무대 위로 올라갔어요. 처음 드는 생각이 '아무 탈도 없어야 하는데. 의자에서 떨어지면 안 되는데!'였어요." 그녀가 웃으며 말했다. 미국 국립과학재단이 주요 지원금 창구였지만 (이때쯤 지출액은 초기 투자 비용을 훨씬 넘어서 거의 240억 원에 이르렀다) 코르도바도 그때까지 블랙홀 이미지를 본 적이 없었다. 일부러 그랬다. 세상의 다른 사람들과 함께 보고 싶어서였다.

기자회견장에 선 코르도바 박사. (사진 출처: 조슈아 샤못)

코르도바 박사가 마이크를 조절하면서 입을 열었다. "안녕하세요. 이 역사적인 순간에 함께해 주셔서 감사드립니다." 그녀는 최근 소식을 전한 뒤 한 가지 사실을 강조했다. "물론, 이제까지 블랙홀을 본 사람은 아무도 없습니다. 단 한 사람도요." 그러고는 돌먼을 세상에 소개했다. 돌먼이 연단 앞으로 갔고, 말을 시작했다.

"블랙홀은 우주에서 가장 불가사의한 물체입니다." 돌먼은 블랙홀의 원리가 어떻게 되는지 설명하고 대다수 은하계의 중심에 블랙홀이 존재한다는 사실도 알렸다. 돌먼은 세상과 세상 사람들에게 앞으로 보게 될 것에 대한 준비를 시키느라 뜸을 좀 들였다.

그러고는 간단히 말했다. "기쁜 소식을 전하게 되었습니다. 그동안 볼 수 없을 거라고 생각해 오던 것을 드디어 보게 되었습니다. 우리는 봤고, 사진도 찍었습니다."

"이게 블랙홀의 사진입니다." 회견장에는 오로지 한 가지 소리만 들렸다. 카메라 셔터 돌아가는 소리였다. 경외의 침묵이 흘렀다. 그러고는 박수가 요란하게 터졌다.

스크린 위로 나타난 블랙홀 이미지는 같은 시각 다섯 군데 다른 회견장에서도 모습을 드러냈다.

벨기에에서는 팔케가 연단에 서서 동일한 내용을 똑같은 열의와 경외심을 품고 설명했다.

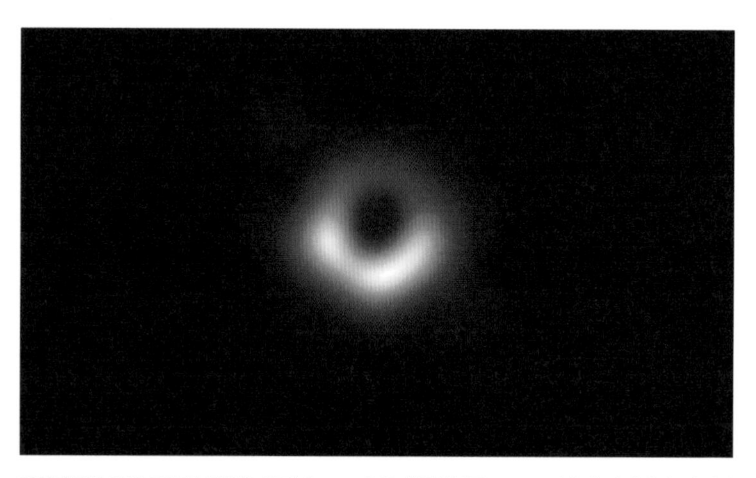

과학자들이 처음 포착한 블랙홀 이미지. M87 은하의 중심부를 EHT로 관측해 얻어냈다. 사진에 보이는 환한 고리 모양은 태양 질량보다 65억 배 거대한 블랙홀의 강력한 중력 때문에 빛이 휘어서 생긴 것이다. 오랜 노력 끝에 얻게 된 이 이미지는 초거대질량 블랙홀이 존재한다는 사실을 증명하는 현재까지 가장 확실한 증거가 되었고 블랙홀과 사건 지평선, 중력에 대한 연구에 새 지평을 열었다. (사진 출처: EHT 공동 연구팀)

"이것이 블랙홀의 사상 최초 이미지입니다." 사람들은 의자에서 벌떡 일어나 기립박수를 보냈다.

정확히 똑같은 시각, 산티아고에서도 같은 이미지가 공개되었고 역시나 우레와 같은 박수가 터졌다. 타이베이에서는 과학자들이 얼굴 가득 미소를 숨기지 못하고 관련 과학과 그 중요성을 설명한 다음 마침내 이미지를 공개했다. 또다시 박수가 울렸다.

일본에서는 또 다른 소리도 울렸다. 놀라움의 탄성이 전염병 퍼지듯 번졌다.

곧 헤드라인으로 전 세계에 이 사실이 알려졌다.

세상을 기쁘게 하다

"우리는 온 세상을 이용해서 이 이미지를 만들었습니다. 그걸 다시 세상에 돌려주었더니 세상이 따뜻하게 받아 주더군요." 팔케가 말했다. "전 세계 사람들이 크게 감동받는 모습을 보니 마음이 무척 따스해졌어요."

전 세계에서 사람들이 흐느꼈다. 과학자들도 흐느꼈다. 무대 위에서 블랙홀 이미지를 바라보는 코르도바도 감정이 북받쳤다.

"정말 해내기 힘든 일이었어요. 그런데 결국, 절대로 부정할 수 없는 시각적 증거를 만들어 낸 겁니다."

지금까지 숨어 있던 우주의 일부가 모습을 드러냈다. 아인슈타인이 옳았음이 증명되었다. 그리고 이제, 우주의 또 다른 불가사의를 조사할 수 있는 새로운 도구가 탄생했다.

"정말 굉장한 날이었어요." 돌먼이 말했다. "사람들이 블랙홀 이미지를 좋아하는 이유, 또는 이 이미지에 끌리는 이유가 그저 과학적인 파급력이 커서는 아니라고 생각해요. 미지의 것을 보게 되어서가 아니라고요. 물론 두 가지 이유 모두 중요하긴 합니다. 그런데 그보다 더 크게 사람들 마음에 호소했던 건, 우리가 한 팀으로 이 일을 해냈다는 사실, 국경도 가로질렀다는 점이라고 생각합니다."

단 며칠 만에 10억이 넘는 사람들이 블랙홀의 이미지를 봤다. 전 세계 거의 모든 신문이 갖가지 언어로 블랙홀 이미지를 1면 기사로 다루었다. 라디오, TV, 팟캐스트, 전 세계 교사들이 EHT팀이 이뤄낸 업적에 대해 말했다. 매일 끔찍한 뉴스가 들끓는 세상에 사는 사람들에게 견줄 데 없이 황홀한 기적이 생겼다. 그런 정서적인 반응을, 블랙홀 이미지가 세상에 어떤 의미를 주는지 보면서 연구진은 깜짝 놀랐다.

4월 11일 돌먼이 잠자리에서 일어나 호텔 로비로 걸어 들어갔다. 블랙홀 사진이 〈뉴욕 타임스〉, 〈워싱턴 포스트〉, 〈월스트리트 저널〉의 1면 기사로 올라 있었다. 세상의 반응이 얼마나 큰지 그 무게가 그제서야 실감되었다. 각종 험악한 뉴스를 제치고 대발견과 경외감, 환희가 신문에 실려 있었다. 국가도 다르고 배경도 다른 사람들이 함께 어울려 작업한 끝에 이루어 낸 어마어마한 과학적 진보이기에 가능한 일이었다.

돌먼은 너무 놀라운 나머지 두려운 마음마저 들었다. 연구진은 과학과 프로젝트 자체에, 제대로 일을 해내야만 한다는 사명에만 너무 집중했던 나머지 "우리가 일을 성취한 다음 느낀 경이감을 전 인류가 함께하리라고는 미처 생각지도 못했어요. 그러니 놀랄 수밖에요."

이 과학자들은 함께 마음을 모아 5,500만 광년이나 멀리 떨어진, 그간 한 번도 볼 수 없었던 것을 들여다보는 데 성공했다. 그리고 천문학 연구에 지금까지와는 전혀 다른 새로운 방법을 탄생시키는 데 성공했다. 그러나, 여기에 그친 게 아니었다. 그들은 업적을 달성해 가는 과정을 통해서 세상 사람들에게 크나큰 영감을 불어넣었던 것이다.

"우리는 헤아릴 수 없이 많은 이유로 갈라져 나뉩니다. 수많은 이유로 서로의 차이를 강조하고요. 수많은 이슈로 갈등이 불거집니다. 그런데 문득, 그 특성상 사람들을 불러 모을 수밖에 없는 일이 있다는 걸 사람들이 보게 된 겁니다. 이상한 생각일지 모르지만, 사람들을 단결시키려면 5,500만 년이나 떨어진 딴 세상, 은하계로 가야 합니다. 그게 우리가 한 일이었죠."

팔케도 이 점을 잘 알고 있었다. 사람들이 가던 걸음을 멈추고 눈물을 글썽였다. "온 세상이 함께해 주고, 기꺼이 받아 줬어요. 그래서 더더욱 뭉클했어요. 우리가 세상을 기쁘게 했다니."

예측하지 못한 일

과학계가 열광하리라는 것은 보우만도 알고 있었다. 하지만 전 세계가?

"예상치 못했던 일이었어요. 정말로요. 사람들이 그렇게 흥분하다니. 대중문화에서나 보는 그런 열광적인 반응을 우리가 얻을 거라고 상상했던 사람은 아무도 없었어요. 어안이 벙벙했어요." 블랙홀 이미지는 순식간에 밈이 되었고 심지어는 미국 최고의 시청률을 가진 심야 토크쇼 '투나잇쇼'에도 나왔다.

그런데 그 무렵, 인터넷에 또 다른 사진 한 장이 집중적으로 떠오르기 시작했다. 보우만의 사진이었다.

뿌연 방울 모양을 처음으로 확인한 순간의 반응을 찍은 사진이었다. 그런데 별안간, 이 사진과 함께 조작된 이야기가 인터넷에서 돌았다. 갑자기 보우만은 '블랙홀 이미지 배후의 여인'이 되었다. 어떤 사람들은 그녀를 칭송했다. 보우만이 이룬 업적에 합당한 대접을 받지 못하고 있다고 지레짐작하면서. 한편 웹상의 음침한 구석에서 그녀를 공격하는 사람들도 있었다. 여자라는 이유였다.

곧이어 잘못된 기사와 음모론이 잇따랐다. 사실은 보우만이 프로젝트에 전혀 관여하지 않았다는 주장이었다. 날조된 이야기가 들불처럼 번져 나갔다.

양편의 정서와 트윗이 빠른 속도로 퍼졌다.

"정말 혼란스러웠어요. 저는 우리 프로젝트가 팀워크의 결과였다고 줄곧 말해왔거든요. 한 사람이 한 가지 메시지만 내는 일이 아니잖아요. 많은 역할이 있어요. 이미징 작업만이 아니라, 기기 개발, 데이터 보정, 이론과 모델 설정 등을 제외하고도 정말 많아요. 그래서 너무 심란했어요. 사람들이 저에게만 집중했으니까요. 공로를 제대로 인정받고 조명받아야 할 사람들이 아주 많은데 말이죠."

캘리포니아로 가는 비행기에 탑승하면서 보우만은 이 모든 소동을 잊으려고 애썼다. 칼텍(캘리포니아 공과대학교)에서 발표할 프레젠테이션 준비를 하느라 간밤에 한숨도 자지 못했다. 원래 그녀의 계획은 단순했다. 1) 블랙홀 최초 이미지 기자회견 자료를 준비하고 2) 칼텍(다시 말해, 세상에서 제일 똑똑한 청중이 있는 곳)에서 발표

케이티 보우만은 2019년 4월 10일 페이스북에 "보고도 믿어지지 않는다. 내가 처음 만든 블랙홀 이미지가 재구성되고 있다"라는 글과 함께 이 사진을 개시했다. (사진 출처: 2021년 1월 11일 보우만의 페이스북)

할 프레젠테이션을 작성한다.

"최초 이미지 기자 회견 바로 다음 날 프레젠테이션을 할 계획이었어요. 일이 그렇게 커질지 몰랐던 거죠."

그런데 그날 블랙홀 이미지가 빠르게 퍼져 나갔다. 그리고 보우만의 사진도 빠르게 퍼져 나갔다.

"그날 밤 거의 한숨도 못 잤어요. 이게 어찌 된 영문인지 가늠해 보려고 했지요. 그런데 제가, 아이고 세상에, 다음 날 프레젠테이션이 있었단 말이죠. 그 준비를 하나도 못했거든요. 그런데도 급속도로 퍼져 가는 소문과 모든 소동에 대응해 보려고 했어요."

새벽은 어김없이 찾아오고 시간은 세 시, 보우만은 인터넷 트롤이 남긴 글들을 모조리 보고 말았다. "당연히 충격받았죠."

바로 그때 놀라운 일이 벌어졌다. 보우만과 함께 이미징 작업을 했던, 프로젝트 동료들이 도움의 손을 내밀어 주었다. 동료인 체일 박사도 SNS에 "보우만을 향한 끔찍한 성차별적 공격을 멈추라"며 그녀를 옹호했다. "동료들에게 정말 고마울 뿐이에요."

보우만 역시 "이것은 팀워크의 산물"이라고 밝히며, 메시지를 바로잡으려는 노력을 기울였다. 그리고 과학의 거대한 진보에 기여한 여성에게 세상이 어떻게 반응하는지 보고서 자신이 얼마나 기쁜 마음인지 전달하려고 애썼다. 그러고 나서 또 다른 행동도 취했다. 휴대폰을 꺼버린 것이다.

"며칠 동안 전화기를 꺼뒀어요. 사실 처음에는 배터리가 방전이 되어서 그랬어요.

너무 많은 연락이 왔으니까요. 안 좋은 핸드폰이 아닌데도 그랬어요. 아이폰이었는데 도대체 충전이 안 되는 거예요. 게다가 그때는 그런 데에 정신을 팔고 있을 겨를도 없었어요."

어쨌든, 칼텍은 그녀가 미래의 직장으로 생각하는 곳이었고, 프레젠테이션을 보려는 청중이 기다리고 있었다. 아무리 열심히 일해도 이런 귀한 기회를 한 번도 잡아보지 못하는 과학자도 많다.

"그 기회를 망칠 수는 없었어요."

보우만은 정신을 가다듬고 프레젠테이션 준비에 마음을 집중했다. 그리고 캘리포니아에 도착해 강당을 가득 채운 청중 앞에 서서 발표를 시작했다. "바로 이 순간에도 미디어가 저 혼자 프로젝트를 이끌었다는 말로 떠들썩하다는 걸 잘 알고 있

앤드루 체일과 케이티 보우만이 M87*의 이미지가 1면에 실린 신문을 들고 포즈를 취하고 있다. (사진 출처: 린디 블랙번)

습니다. 사실과는 완전히 동떨어진 이야기죠." 보우만이 웃자 청중도 웃었다. "이는 정말 많은 사람이 아주 오랫동안 기울인 노력의 산물입니다."

프레젠테이션은 대성공이었다. 전염성 강한 보우만 특유의 열정이 조금도 수그러들지 않았다.

15

다음은 무엇일까?

"저 도넛 가운데에
우리가 아직 모르는 게 너무 많습니다.
여러분이 탐정이 되어 조사하고 싶다면,
단서는 아주 많아요."

아직 모르는 게 많기에

팔케의 생각에 가장 지루한 세상은 '질문이 없는 곳'이다. "아마 제게 지옥이 있다면 모든 질문에 정답이 다 있는 곳일 거예요." 그는 아직도 새로운 것을 탐구하고 발견하고 싶다. 사건 지평선 망원경 팀은 불가능을 가능으로 만들었다. 하지만 돌먼을 비롯한 많은 이들에게 이것은 끝이 아니었다. 오히려 더 많은 질문을 열어 주었다.

정지 화면과 영화는 별개다. 궁수자리 A*, 우리은하 한가운데 있는 블랙홀로 영화 한 편을 찍는 건 어떨까? 기억하는가, 연구진이 궁수자리 A*에 관해 수집한 데이터가 아직도 살아 있다. 그 데이터를 처리해서 이미지로 전환하거나 다수의 이미지를 가지고 편집해서 영화로 만들 수도 있을 것이다.

"궁수자리 A*의 이미지를 만들 경우 가장 어려운 점은 회전 속도예요." 보우만이 설명을 이어갔다. "M87*의 플라스마 덩어리가 도는 건 며칠에 한 번씩인데, 궁수자리 A*은 몇 분에 한 번씩 회전하거든요."

이 연구진이 물리학 분야에서 새롭고 획기적인 발견을 할 수 있을까? 아인슈타인의 상대성 이론이 유효할까? 영화를 찍으면 답을 구할 수도 있는 종류의 비밀이다.

연구진은 이미 전 세계 여기저기에 망원경을 추가하고 있다. 망원경을 추가할수록 더 많은 데이터로 훨씬 선명한 해상도를 얻을 수 있다. 망원경이 더 많아지면 별을 소멸시킬 수도 있는 블랙홀 제트에 대해 상세한 정보를 얻게 될지도 모른다. 블랙홀과 블랙홀이 살고 있는 은하의 관계에 대해서도 더 많이 알게 될까?

우주에 기지를 둔 망원경은 또 어떨까? 그런 망원경이 더 많은 답을 찾아낼 수 있을까? "물론 쾌속 우주선을 우리의 기존 VLBI 네트워크에 추가한다는 건 어마어마한 도전이죠. 하지만 저는 그래서 더 매력을 느껴요." 보우만이 말했다.

팔케는 "그런 망원경은 칼처럼 예리한 이미지를 만들 수 있다"고 말한다. "우주에는 대기가 없거든요." 잡음이 적으니 이미지 훼방이 적어진다는 뜻이다. "영화에서 본 것처럼 선명한 블랙홀 이미지를 보게 될 겁니다. 지금은 겨우 상상으로만 가능한, 세세한 부분까지 볼 수 있게 될 거예요."

연구진은 이제까지 수집해 온 모든 데이터를 누구나 사용할 수 있도록 해두었다. 이미지를 개선하거나, 또 다른 발견을 하고 싶은 사람은 누구든 그 데이터를 살펴볼 수 있다. 또한 망원경을 업데이트하고 네트워크를 시험 운행할 때 수집했던 2017년 이전의 초창기 데이터도 모두 다시 검토했다. 이미징팀이 고안해 낸 알고리즘을 이용해서 추가로 M87* 이미지를 만들어 봤더니 블랙홀이 회전할 때 불안정하게 비틀리는 부분이 보였다.

시간에 따라 블랙홀이 변하는 과정을 보겠다는 건 과학자들에게는 새로운 실험실을 여는 것과 마찬가지다. 그들은 일반 상대성 이

우주정복노트

도플러 효과

블랙홀 이미지에서 고리 왼쪽 아랫부분이 부착 원반의 나머지 부분보다 훨씬 환한 것을 볼 수 있다. 이는 도플러 효과Doppler Effect 때문이다. 뜨겁게 달궈진 그 부분의 플라스마가 우리 쪽으로 움직이기 때문에 밝게 보이는 것이다. 이렇게 생각하면 된다. 어두운 터널 속에 서 있는데 친구 두 명이 각각 반대편 입구에 서서 똑같은 손전등을 들고 여러분을 향해 비춘다고 가정해 보자. 한 친구는 움직이지 않고 그 자리에 서서 손전등만 여러분에게 비춘다. 다른 친구는 여러분 쪽으로 걸어온다. 그 친구가 다가올수록 손전등 두 개가 합친 불빛은 그만큼 더 강하고 환하다. 그렇지만 가까이 다가오는 손전등과 다른 손전등은 여전히 똑같은 제품이다. 그저 더 환하게 보일 뿐이다.

론을 새로운 방식으로 검증할 수 있고, 블랙홀의 행태에 대해 배울 수도 있다. 관측 스케줄을 새로 짜고 있으니, 그들이 앞으로 무슨 발견을 할지 두고 볼 일이다.

코르도바 박사에게는 아직도 정답을 구해야 할 질문이 끝없이 많아 보인다. "저 도넛 가운데에 미스터리가, 아직 모르는 게 너무 많습니다. 그만큼 발견할 게 많다는 뜻이지요. 그러니 블랙홀은 가장 심오한 추리물입니다. 만일 여러분이 탐정이 되어 조사하고 싶다면, 단서는 아주 많아요. 그 단서들을 모아서 이 미스터리를 해결하는 게 중요해요. 해결할 수 있거든요."

팔케는 어떤 생각일까? 오래전 무한에 대해 생각하느라 밤을 지새우던 그 소년의 생각은?

"아주 재미있는 점을 깨달았어요. 어떤 의미에선 근본적인 거예요." 팔케가 말했다. "가령, 우리는 블랙홀을 가리킬 수 있게 되었어요. 정확한 위치도 알아요. 블랙홀이라는 공간의 범위도 정확히 알지요. 그 공간이 존재한다는 걸 안다고요. 그런데 탐사는 못해요. 현재의 물리학으로는, 그 어떤 기술로도 블랙홀 안에 뭐가 들어 있는지 알 수가 없어요. 살면서 두고 봐야죠."

여기서 중요한 말은 "현재의 물리학으로는"이라는 표현이다. 오늘은 불가능해 보일지도 모른다는 말이 사실이기 때문이다. 그런데 블랙홀 사진 촬영도 2019년 4월 10일 이전에는 불가능한 일이었다. 그러나 결국 해내지 않았는가!

아직 눈에 보이지 않는 비밀이 있다. 여전히 풀어야 할 미스터리가 존재한다.

돌먼은 이 여정을 처음 시작하던 당시와 다름없이 지금도 목표의식이 확고하고 강하다. "과학이 좋은 점이, 분기별 결산에 구애받지 않는다는 점이지요. 다음 선거 주기에도 구애받지 않고요. 저녁 뉴스에도 구애받지 않아요. 과학은 시간 스케일이 아주 커요. 경기 시간이 아주 긴 게임이지요. 그래서 개인적으로는, 100년 전 인물인 아인슈타인과 슈바르츠실트와 제가 정말 가깝다고 느껴요. 마치 그분들과 100년 동안 악수를 하고 있는 것 같아요. 그분들이 지금 여기 계시면 참 좋겠네요.” 그가 말을 이었다. “그러니 다른 분야는 어떨지 모르겠지만 과학에서는 정말로 역사가 살아 있습니다.”

다음 100년의 악수를 나눌 후계자는 누가 될까? 한 가지 확실한 점은 블랙홀과 우주의 미스터리에 사로잡힌 우리의 관심이 금방 꺼질 것 같지는 않다는 사실이다.

블랙홀 추적 일기 15

한국의 블랙홀 탐정단

EHT 프로젝트에는 한국팀도 참여했다. 당시 소속을 기준으로 한국천문연구원 손봉원·정태현·변도영·조일제·자오 구앙야오·김종수·이상성 박사, 서울 대학교 사샤 트리페 교수, 해외 인력으로 막스플랑크 전파천문학연구소 김재영 박사와 미국 애리조나 대학교 김준한 박사다. 모두 대한민국을 빛낸 자랑스러운 과학자다. 그중 몇몇을 만나보자.

사진 출처:손봉원

손봉원

소속 한국천문연구원

연구 분야 VLBI를 이용한 초거대질량 블랙홀 관측

어려서 좋아하던 읽을거리가 과학 칼럼과 추리소설이었습니다. 〈소년한국일보〉에 실렸던 물리학자 김정흠 교수님의 과학 칼럼을 열심히 읽었던 기억이 나네요. 그리고 아서 코넌 도일Arthur Conan Doyle의 셜록 홈스 시리즈를 비롯한 추리소설에 빠져 있었죠. 어려서 매료되었던 우주와 자연에 대한 관심, 관찰로 문제를 해결(범인을 찾는)하는 방식, 이 두 가지는 바로 천문학의 주제와 연구 방법입니다. 많은 천문학자가 그렇듯 취미가 직업이 된 행복한 경우죠. EHT 한국팀 책임자 역할을 맡고 있고, 과학위원회 멤버이기도 합니다. 관측, 자료 분석, 한국 망원경의 EHT 참여와 미래 EHT 망원경 계획에

참여하고 있습니다. 강력한 에너지를 방출하는 초거대질량 블랙홀인 '활동성은하핵'의 물질 방출 과정이 주 관심사입니다. 초거대질량 블랙홀의 성장 과정을 이해하는 데 조금이나마 기여하고자 노력하고 있습니다.

사진 출처: 김준한

김준한

소속 미국 캘리포니아 공과대학교 물리학과
연구 분야 전파천문학, 관측우주론, 블랙홀, 천문관측기기

천문 현상 뒤에 숨겨진 원리와 이유를 파헤치려는 열정이 저를 천문학자의 길로 이끌었습니다. 천문학에서는 여러 주제를 다룹니다. 우리에게서 상대적으로 가까운 태양과 태양계 행성들부터 우리은하 바깥의 외부 은하, 약 130억 년 전 우주 초기의 빛에 이르기까지 다양한 시공간을 아우르죠. 그리고 천문학자들은 이런 대상들을 연구하려고 갖가지 도구를 활용합니다. 저는 특히 천문관측기기 연구에 많은 시간을 쏟고 있습니다. 천문 현상에 대해 궁금함을 쫓다 보면 이따금 찾아오는 문제 해결과 발견의 순간에 지금도 큰 희열을 느낍니다. 애리조나 대학에서 박사학위 과정을 밟던 때에 EHT 전파망원경 간섭계를 이용해 블랙홀을 연구했습니다. EHT 블랙홀 관측에 쓸 전파 수신기 시스템을 개발해서 SPT에 설치했고요. 제 손때가 묻은 기기 덕분에 SPT가 EHT 프로젝트에 참여할 수 있게 되었습니다. 기기 개발과 관측을

위해 머물렀던 애리조나 산꼭대기와 아문센-스콧 남극점 기지를 잊을 수가 없습니다. 천문학이 매력적인 이유는 새로운 질문과 발견이 끊임없이 등장하기 때문입니다. 지금처럼 계속 즐겁게 연구하고 흥미로운 연구 결과를 좋은 글로 나누고 싶습니다.

사진 출처: 정태현

정태현

소속 한국천문연구원
연구 분야 초장기선 전파간섭계를 활용한 활동성은하핵 측성학

밤하늘을 바라보며 우주의 끝없는 공간과 '사람'이라는 존재에 대해 생각했습니다. 중학교 때 같은 반 친구와 함께 과학 잡지와 책을 읽고 우주에 관한 이야기를 나누며 자연스럽게 천문학자가 되고 싶다는 생각을 하게 되었습니다. 무엇보다 우리가 잘 알지 못하는 우주의 여러 현상이 매력적이었고, 지금까지 인류가 쌓아 올린 지식을 바탕으로 우리가 얼마나 우주를 이해할 수 있을지 궁금했습니다. 2017년 첫 EHT 관측 캠페인에서 하와이 마우나케아산 정상에 있는 JCMT 전파망원경으로 관측에 참여했고, 지금은 한국우주전파관측망KVN이라는 우리나라의 전파간섭계를 이용한 연구를 진행하고 있습니다. 앞으로 차세대 EHT 전파망원경에 우리나라 전파망원경들이 직접 참여해서 블랙홀에 관한 새로운 발견에 한 걸음 더 다가가는 데 기여하고 싶습니다.

사진 출처: 조일제

조일제

소속 스페인 안달루시아 천체물리연구소
연구 분야 활동성은하핵

중학교 3학년 때 우연히 대학교 물리학 책을 보게 되었습니다. 자세한 내용은 이해할 수 없었지만 과학 시간에 배우는 것과 비슷한 내용을 훨씬 더 자세히 다루고 있는 것 같았어요. 그때는 그게 멋있어 보여서 물리학에 관심을 가지게 되었습니다. 그러면서 관련된 책을 많이 읽었는데 그중에서 천문학에 관한 내용이 가장 재미있었어요. 어릴 때 한 번쯤은 누구나 우주에 관심을 가지게 되는데, 저의 경우에는 물리학에 대한 흥미에서 시작해서 우주를 동경하게 되었고 자연스럽게 천체물리학자를 꿈꾸게 되었던 것 같아요. 그때 이후로 거의 20년이 지난 지금 저는 정말로 천문학자가 되었고, EHT라는 거대 프로젝트에도 참여하고 있습니다. EHT 공동 연구 그룹에서 저는 관측자료의 이미징 및 결과 판별 과정에 주로 참여하고 있어요. 그리고 동시에 우리은하 중심에 위치한 초거대질량 블랙홀에 대한 다파장 관측 연구를 진행하고 있습니다. 특히 한국에 있는 전파망원경은 다파장 연구 목적에 있어 세계 어느 망원경보다 우수하기 때문에, 이를 잘 활용해서 초거대질량 블랙홀 연구의 새로운 단서 하나를 더 얻어 내는 것이 목표입니다.

브레이크스루 기초물리학 분야 수상 발표 후 한국팀이 모여 찍은 기념사진. 왼쪽부터 변도영 박사, 이상성 박사, 김종수 박사, 조일제 박사 (당시 UST-천문연 박사과정), 손봉원 박사, 자오 구앙야오 박사 (이상 한국천문연구원), 사샤 트리페 교수 (서울대), 정태현 박사 (한국천문연구원).

실리콘밸리에서 개최한 브레이크스루 2020년 시상식 장면. 전 세계 EHT 연구팀이 원격으로 참석한 가운데 (한국팀은 왼쪽 위에서 세 번째 화면) 페이스북 창립자 마크 저커버그가 시상자로 나와 EHT 프로젝트 단장인 셰퍼드 돌먼 박사를 단상으로 부르고 있다.

✦ 손봉원 박사 7문 7답 ✦

EHT 프로젝트 한국팀을 성공적으로 이끈 손봉원 박사님을 만나봅시다

Q1 EHT 프로젝트에는 300명이 넘는 글로벌 연구진이 참여했습니다. 이렇게 전 지구적인 과학 프로젝트가 과거에도 있었나요?

게놈 프로젝트, CERN 입자 가속기, 라이고/버고 중력파 관측, 페르미 감마선 우주망원경 등 최고의 과학 프로젝트는 최상의 결과를 얻기 위해 선택이 아닌 필수로 글로벌 협력을 합니다. 이들 연구의 대표 논문은 저자 목록이 논문 한 페이지를 넘기기도 하죠. 글로벌 인력과 자원을 함께 활용해야만 새로운 발견이 가능하고, 우주와 자연 그리고 생명에 대한 이해를 한 단계 발전시킬 수 있기 때문입니다.
사건 지평선 망원경과 같은 초장거리 전파간섭계 천문학에서는 다른 과학 분야보다 글로벌 협력이 일찍 시작되었고 이제는 일상적이라고 할 수 있습니다. 멀리 떨어진 망원경을 연결할수록 천체를 더 세밀하게 관측할 수 있기 때문에 여러 나라, 여러 대륙에 걸친 협력은 필수적입니다. 그리고 성공적인 협력을 위해 숨김없는 정보 공유와 자유로운 교류가 이루어졌습니다. 이런 협력의 전통 덕분에 EHT의 성공적 관측이라는 결실을 맺을 수 있었다고 생각합니다.

Q2 **EHT 프로젝트의 시작점이라고 할 수 있는 셰퍼드 돌먼 박사와는 프로젝트 이전에도 인연이 있으셨나요? 박사님께서 이 프로젝트에 참여한 계기가 궁금합니다.**

제가 기억하는 첫 대면은 2003년 4월 애리조나 투싼에서의 시험 관측 때입니다. 그때 저는 독일 막스플랑크 전파천문학 연구소의 박사후연구원으로 사건 지평선 망원경의 가능성을 테스트하는 실험에 참여했고, 돌먼 박사님은 미국 측 과제책임자였어요. 2019년 EHT가 관측에 성공한 1.3밀리미터 파장으로 미국과 유럽의 망원경을 동원해서 최초로 하드디스크에 내용을 기록한 실험이었죠. 그전까지는 릴테이프에 기록했었거든요.
제가 속한 팀은 투싼 남서부의 킷픽산 망원경을 맡았고, 돌먼 박사님은 투싼 북동부에 있는 그레이엄산 망원경에서 전체 실험을 지휘하고 있었어요. 테스트 초기에 천체가 보이지 않는 문제가 발생했는데 킷픽 망원경의 엔지니어가 편광필터를 거꾸로 달아놓고 퇴근한 것을 확인하고 돌먼 박사에게 급하게 연락을 했습니다.

돌먼 박사님은 단숨에 차를 몰고 그레이엄산을 내려와 킷픽산 정상까지 달려오셨어요. 구글 지도에서 찾아보니 320킬로미터가 넘는 거리였고, 반쯤은 구불구불한 산길입니다. 문제는 이미 해결했지만, 현장을 직접 확인하고 싶었던 거죠. 당시 돌먼 박사의 그 열정적인 모습이 무척 인상적이었습니다.
한국팀의 EHT에 참여는 한국천문연구원이 운영 중인 한국우주전파관측망이 2010년대부터 보인 성과와 능력을 인정받았고, 무엇보다 2010년경부터 동아시아 초장거리 전파간섭계 협력에 한국이 앞장서서 성과를 거둔 결과를 바탕으로, 동아시아 EHT 협력을 주도하던 대만과 일본 연구자들의 추천과 권유가 직접적인 계기라고 할 수 있습니다.

Q3 프로젝트를 진행하면서 특별히 어렵거나 힘들었던 점이 있으셨나요?

인류 최초의 블랙홀 영상 촬영과 같이 역사에 남을 연구 참여는 과학자에게 큰 행운입니다. 그래서인지 어렵고 힘든 순간은 잘 기억이 나지 않네요. 물론 어떤 도전적인 연구나 프로젝트에는 반드시 어렵고 힘든 순간이 있기 마련입니다.
관측의 성공을 위해 지구 여러 곳에 있는 전파망원경이 약속한 시간에 약속한 대로 정확히 동작을 해야 하기 때문에 철저한 준비가 필요하고 그 과정이 쉬울 수는 없습니다. 그렇지만 준비를 다 해놓아도 날씨가 나빠서 배정받은 시간에 관측을 못 하거나 험한 곳에 있는 망원경에 간 관측자들이 관측을 할 수 없는 상황에 빠지거나, 코로나19 대유행으로 모든 관측을 취소해야 하는 등 사람이 노력한다고 바꿀 수 없는 상황을 만나면 모두 힘이 빠지고 실망하게 되죠.

2017년 첫 관측에서 큰 성공을 거두었지만, 그후 매년 봄마다 하기로 계획했던 사건 지평선 망원경 관측 역시 사람이 어떻게 할 수 없는 이유로 여러 차례 어려움을 겪었습니다. 이제와서 보면 2017년 첫 관측이 성공한 데에는 특별한 행운이 함께 했었다고 해야 할 것 같네요.

관측과 분석이 성공적으로 진행된 후에 예상치 못한 어려움이 있었습니다. 천문학자, 특히 여러 나라의 전파망원경을 함께 사용해야 하는 '초장거리 전파간섭계 천문학자'는 정보의 투명한 공개와 교류가 몸에 베어 있습니다. 그런 사람 300여 명이 사상 처음 블랙홀 영상을 얻었다는 사실을 한동안 철저히 함구해야 했는데, 통제에 익숙하지 않은 자유분방한 사람들이기에 쉽지 않은 일이었습니다.

그러나 결과의 중요성을 잘 알고 있어서인지 놀랍게도 보안이 잘 지켜졌습니다. 발표를 기다리며 다른 천문학자들이 나누는 이야기를 들었는데, "관측 실패를 발표한다더라", "다른 천체의 결과를 발표한다더라" 등 미소를 짓게 하는 내용이었고, 비밀이 잘 지켜졌다는 걸 알 수 있었습니다.

Q4 **EHT 프로젝트의 목적과 의의는 무엇인가요?**

EHT 협력단의 공식적인 설명을 빌려와 이야기해 보겠습니다. 사건 지평선 망원경 정도의 성능으로 블랙홀을 관측하는 것은 천문학과 천체물리학의 오랜 목표입니다. 이 관측은 블랙홀 근처에서 발생하는 강한 중력 효과를 보여주는 영상을 제공하고, 물질이 빛의 속도로 빠르게 블랙홀 주변을 공전하며 발생하는 물리적 현상을 보여줍니다.
이런 사건 지평선 망원경의 성능은 아주 강한 중력장인 블랙홀 가까이에서의 물질 부착과 방출 과정, 사건 지평선의 실존 등 블랙홀 물리학의 근본적 문제와 일반 상대성 이론을 증명할 기회를 제공합니다. EHT의 블랙홀 관측 성공으로 블랙홀 연구는 이론과 시뮬레이션이 아닌, 실제 블랙홀과 그 주변을 직접 관찰하여 연구하는 새로운 단계에 들어섰습니다.

Q5 **2022년 2월 22일, 한국천문연구원이 참여한 국제공동연구팀이 우리은하의 중심에 위치하고 지구에서 가장 가까운 초거대질량 블랙홀 궁수자리 A*을 촬영하고 그 구조가 원형임을 밝혔습니다. 박사님께서는 한국 과제책임자로 참여하셨는데요, 이 프로젝트에 대해서 설명해 주세요.**

한국우주전파관측망 완공 후 한국과 일본의 천문학자들은 한국과 일본의 망원경 7기를 연결해 우수한 성능의 전파간섭계를 구성할 가능성을 보고 이를 활용할 수 있는 핵심 연구 주제를 개발했습니다. 이 과정에서 핵심 연구 주제의 하나로 초거대질량 블랙홀이 선정되었고 우리은하 중심 블랙홀과 M87 블랙홀을 주 대상으로 선정했습니다. 이 한일 공동 프로젝트는 이후 중국이 참여하면서 동아시아 공동 프로젝트로 확대되었습니다.

궁수자리 A* 블랙홀은 지구에서 가장 가까운 초거대질량 블랙홀이기 때문에 블랙홀 주변에서 일어나는 현상을 연구하는데 최적의 대상입니다. 동아시아 VLBI 관측망은 동아시아의 망원경을 사용하고 EHT보다 긴 파장을 사용하기 때문에 우리은하 중심 블랙홀의 사건 지평선 주변을 볼 수는 없습니다. 그렇지만 이 블랙홀이 만들어 낸 구조와 현상은 더 잘 파악할 수 있습니다. EHT가 몸속을 투시해서 보는 CT라면, 이번 동아시아 VLBI 관측망의 관측은 얼굴, 신체 등 겉모습을 본다고 비유할 수 있습니다.

궁수자리 A* 블랙홀 관측의 또 다른 난관은 우리은하 중심 방향의 가스 구름에 의한 빛의 산란입니다. 이것은 관측을 어렵게 하는 요소이기 때문에 이를 극복하기 위해 최신의 산란 모델 연구 결과를 동아시아 VLBI 관측망 결과에 적용했습니다. 그리고 마침내 궁수자리 A* 블랙홀의 구조가 원형에 가까움을 확인했습니다. 우리은하 중심 블랙홀이 내는 빛의 대부분은 블랙홀에 달라붙어 있는 원반 모양의 부착흐름에서 발생합니다. 이번 결과는 이 원반의 면이 지구를 향해 있음을 뜻합니다. 이 정보는 앞으로 EHT의 우리은하 중심 블랙홀 관측 영상 분석에 중요하게 활용될 것입니다.

Q6 앞으로 세계 천문학의 주요 과제와 한국 천문학이 나아갈 방향은 무엇인지 말씀해 주세요.

세계 천문학과 한국 천문학으로 나누어 생각할 필요는 없을 것 같습니다. 한국은 세계 천문학에서 중요한 역할을 하는 나라이기 때문이죠. 이 역할을 더 발전시켜야 합니다.
우선 존재는 알려졌으나 그 정체가 밝혀지지 않은 암흑물질과 암흑에너지를 이해하는 일이 가장 큰 과제입니다. 이들은 우주의 대부분을 차지하며 우주의 운명 역시 이들에 의해 결정될 것입니다. 이 못지않게 중요한 과제는 우주에서 어떻게 생명체가 생겨나는지를 이해하고, 지구 바깥에서 생명의 징후를 찾는 것, 그리고 나아가서 인간 외의 지적 생명체가 우주에 존재하는지 확인하는 것입니다.
블랙홀 연구에서는 우선 호킹 복사를 내며 증발하는 블랙홀을 찾는 일이 있습니다. 우주 탄생 초기에 생긴 작은 블랙홀들이 있다면 마지막 순간에 강렬히 호킹 복사를 내며 사라질 텐데 아직 아무도 찾지 못했습니다. 발견한다면 우주 탄생 초기를 이해하는 데 중요한 정보를 제공할 것입니다. 초거대질량 블랙홀의 성장 과정을 이해하는 것도 중요한 과제입니다. 초거대질량 블랙홀은 그 주변은 물론 은하단과 같이 거대한 영역에 강력한 물질과 빛을 방출하며 성장하기 때문에 은하와 우주 거대 구조, 생명의 탄생에 중요한 역할을 하리라 짐작되는데 아직 확인된 바가 많지 않습니다.

또한 초거대질량 블랙홀은 별질량 블랙홀이 중간질량 블랙홀 단계를 거쳐 성장했을 것으로 추측하는데, 중간질량 블랙홀은 어디에 있을까요? 이들이 질량을 급격히 불려가는 과정을 찾아 이해하는 것도 큰 과제입니다.

Q7 천문학자에게 필요한 자질은 무엇인가요? 천문학자를 꿈꾸는 청소년에게는 어떤 준비과정이 필요한지 말씀해 주세요.

축구선수에게 기초체력과 주력이 필요하듯이, 천문학자는 기본 도구인 수학과 물리학 실력을 잘 갖추어야 합니다. 연구와 개발의 많은 부분이 국제협력으로 진행되기 때문에 외국어 능력도 잘 갖출수록 좋은데, 언어 그 자체보다는 공감 능력과 함께 서로 다른 문화와 역사에 대한 관심과 포용력이 더 중요하다고 생각합니다. 그리고 컴퓨터 프로그래밍 능력도 갖추면 좋은데, 프로그램을 통해 해결하고자 하는 문제를 잘 이해하고 논리적으로 해결책을 찾는 능력을 갖추는 것이 중요해요.

자질보다는 어떤 능력이 필요한지를 이야기한 것 같네요.

천문학은 다른 과학 분야와 달리 실험보다는 관찰이 연구의 중심이 됩니다. 우주에서 벌어지는 현상을 객관적이고 정확히 관찰하고 논리적으로 해석하는 일이죠. 데이터만 아니라 동료에게도 정직하게 대하는 것은 연구자뿐 아니라 좋은 사람이 되기 위한 자질이겠죠. 천문학이 좋아서 시작하더라도 수많은 어려움을 만나게 되고 때로는 하기 싫은, 맡기 싫은 업무와 역할을 해야 하기도 합니다. 긍정적인 마음가짐 그리고 끈기 있게 목표에 다가가는 과정에서 즐거움을 느끼는 '재능'은 천문학과 같이 연구 기회 자체가 보상인 기초과학 연구자에게는 특히 필요한 자질입니다.

교과연계

중학교

과학2

Ⅲ. 태양계

1. 지구와 달의 크기
2. 지구와 달의 운동
3. 태양계를 구성하는 행성
4. 태양

과학3

Ⅲ. 운동과 에너지

2. 일과 에너지

Ⅶ. 별과 우주

1. 별의 특성
2. 은하와 우주
3. 우주 탐사

고등학교

물리학 Ⅰ

Ⅰ. 역학과 에너지

3. 시공간의 이해

물리학 Ⅱ

Ⅱ. 행성의 운동과 상대성

2. 행성의 운동과 상대성

선을 넘는 과학자들

인류 최초 블랙홀 촬영을 위한 글로벌 프로젝트

초판 1쇄 2022년 4월 26일

지은이 애나 크롤리 레딩
옮긴이 권가비

펴낸이 김한청
기획편집 원경은 김지연 차언조 양희우 유자영 김병수
마케팅 최지애 현승원
디자인 이성아 박다애
운영 최원준 설채린

펴낸곳 도서출판 다른
출판등록 2004년 9월 2일 제2013-000194호
주소 서울시 마포구 양화로 64 서교제일빌딩 902호
전화 02-3143-6478 팩스 02-3143-6479 이메일 khc15968@hanmail.net
블로그 blog.naver.com/darun_pub 인스타그램 @darunpublishers

ISBN 979-11-5633-451-4 43440